힘들이지 않아도 맛있게 완성되는
식사빵 레시피 22

반죽기 없이 만드는
무반죽 홈베이킹

유튜버 꾸움
김리하 지음

KB191838

반죽기 없이 만드는
무반죽 홈베이킹

초판 발행 · 2023년 11월 6일

지은이 · 김리하

발행인 · 이종원
발행처 · (주) 도서출판 길벗
출판사 등록일 · 1990년 12월 24일
주소 · 서울시 마포구 월드컵로 10길 56 (서교동)
대표전화 · 02) 332-0931 ┃ **팩스** · 02)323-0586
홈페이지 · www.gilbut.co.kr ┃ **이메일** · gilbut@gilbut.co.kr

편집팀장 · 민보람 ┃ **기획 및 책임편집** · 서랑례(rangrye@gilbut.co.kr) ┃ **디자인** · 최주연
제작 · 이준호, 김우식 ┃ **영업마케팅** · 한준희 ┃ **웹마케팅** · 김선영, 류효정, 김학흥, 박민주
영업관리 · 김명자 ┃ **독자지원** · 윤정아

본문 조판 · 박찬진 ┃ **일러스트** · 김민식 ┃ **교정교열** · 김기남 ┃ **CTP 출력 및 인쇄, 제본** · 상지사피앤비

ISBN 979-11-407-0694-5(13590)
(길벗 도서번호 020214)

정가 22,000원

독자의 1초를 아껴주는 길벗출판사

(주)도서출판 길벗 ┃ IT교육서, IT단행본, 경제경영서, 어학&실용서, 인문교양서, 자녀교육서 www.gilbut.co.kr
길벗스쿨 ┃ 국어학습, 수학학습, 어린이교양, 주니어 어학학습, 학습단행본 www.gilbutschool.co.kr

독자의 1초를 아껴주는 정성!

세상이 아무리 바쁘게 돌아가더라도
책까지 아무렇게나 빨리 만들 수는 없습니다.

인스턴트 식품 같은 책보다는
오래 익힌 술이나 장맛이 밴 책을 만들고 싶습니다.

땀 흘리며 일하는 당신을 위해
한 권 한 권 마음을 다해 만들겠습니다.

마지막 페이지에서 만날 새로운 당신을 위해
더 나은 길을 준비하겠습니다.

독자의 1초를 아껴주는 정성을 만나보십시오.

Prologue

정확히 언제부터였는지 기억은 잘 나지 않지만

저는 어릴 적부터 집에서 직접 빵을 구워 먹는 걸 꿈꿨던 것 같아요.

그래서 처음으로 집에서 빵을 구워냈을 때 얼마나 기뻤는지 모릅니다.

물론 케이크나 쿠키를 만드는 것도 너무나 재미있고 좋았지만

빵은 뭐랄까 좀 더 '일용할 양식'에 가까운 느낌이어서 그랬을까요?

'스스로 빵을 만들어 먹는다'는 것이

마치 앞으로 내가 내 삶의 한 부분을 책임질 수 있게 된 것처럼 느껴져서

뭔가 든든하고 스스로가 자랑스러운 기분마저 들었어요.

이 책을 마무리하면서 책에 담고 싶은 한 가지 주문이 있다면

'제가 빵을 만들며 행복했던 만큼,

여러분도 빵을 만들며 행복했으면 좋겠다!'는 거예요.

빵을 만들어가는 과정 속에서 느껴지는 따뜻함과 기쁨

갓 구운 빵을 오븐에서 꺼냈을 때의 설렘

즐거운 놀이처럼 세상에서 가장 맛있는 빵!

바로 내가 만든 빵을 맛보실 수 있길 바라요.

마지막으로 항상 지지하고 사랑을 보내는 저의 빵 친구들
'꾸움' 채널의 구독자 여러분들에게 감사드립니다.
또한, 늘 온 마음을 다해 응원해주는 남편에게 너무나 고맙다고
말하고 싶습니다.

여러분이 빵으로 행복해지길 진심으로 바랍니다.

- 꾸움 김리하 -

이 책을 보는 법

• 무반죽 베이킹 시작 전 알아두기

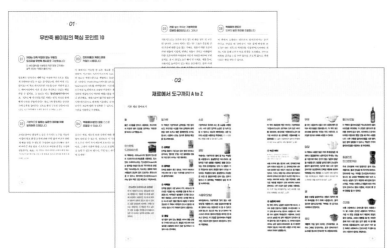

본격적인 무반죽 베이킹을 시작하기 전에 꼭 알아야 할 내용들을 정리해 두었습니다.
무반죽 베이킹의 핵심 포인트, 한눈에 살펴보는 꾸움식 무반죽 베이킹, 유튜브 구독자들이 자주 했던 질문을 모아놓은 Q&A, 베이킹에 꼭 필요한 재료와 도구 등을 알기 쉽게 풀어놓았습니다.

• 무반죽 베이킹 준비사항

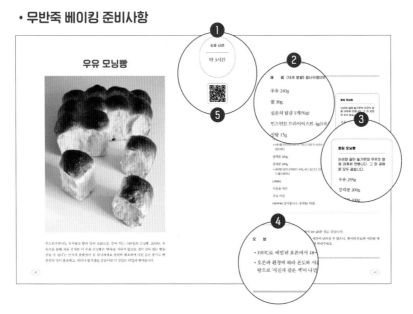

❶ 믹싱부터 완성까지 총 소요되는 시간을 보여줍니다.

❷ 베이킹에 필요한 도구와 재료를 일목요연하게 보여줍니다.

❸ 같은 공정으로 재료만 달리해서 만들 수 있는 빵이 있다면 박스로 소개했습니다.

❹ 오븐의 예열 온도와 시간 등을 미리 알려줍니다.

❺ QR 코드를 검색하면 꾸움 유튜브 채널에 업로드된 해당 레시피 영상으로 바로 연결됩니다.

• 쉽고 자세한 무반죽 베이킹 공정

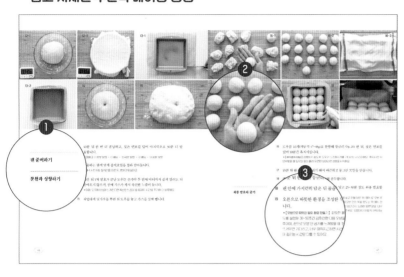

❶ 각 공정을 믹싱하기, 발효하기, 분할과 성형하기, 최종 발효와 굽기 등 큰 틀로 나눠 설명합니다.

❷ 세부 공정은 최대한 자세하고 클로즈업된 사진과 친절한 설명으로 풀어냈습니다.

❸ 작가가 강조하는 팁과 주의 사항은 놓치지 않도록 각 공정 밑에 실어두었습니다.

• 다양한 TIP과 궁금증을 해결하는 Q&A

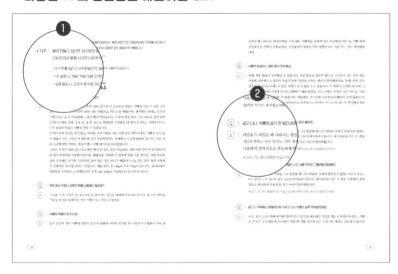

❶ 시간을 단축할 수 있는 빨리 만드는 버전이나 맛을 좀 더 풍부하게 하는 천천히 만드는 버전을 제시합니다.

❷ 각 레시피별로 구독자들에게 들어온 질문들을 선정하여 작가가 그에 대한 해답을 자세하고 친절하게 제시합니다.

미리
• 알려드립니다 •

1. 책에 소개된 레시피는 유튜버 꾸움의 레시피를 책의 특성에 맞게 수정해 정리한 것입니다. QR 코드로 연동되는 레시피와는 약간의 차이가 있을 수 있습니다.

2. 또한 같은 가루류나 액체류라도 g은 같아도 부피가 다르기 때문에 계량스푼의 표기는 다를 수 있습니다.
[ex 소금 4g=3/4작은술, 인스턴트 드라이이스트 4g=1작은술]

3. 계량스푼의 적절한 사용법에 주의해주세요. 사진과 같이 평평하게 담는 것이 올바른 방법입니다.

Contents

무반죽 베이킹의 핵심 포인트 10

 **01 치대는 반죽 작업이 없는 꾸움의
오리지널 무반죽 레시피로 구성했습니다**
단, 베이글처럼 수분량이 적은 몇몇 도우에는
살짝 치대는 작업이 들어가요

발효빵은 반죽기나 제빵기를 사용하거나 손으로 힘들게 치대야만 만들 수 있는 줄 알았는데, 과연 이게 가능할까요? 이 책의 레시피라면 가능합니다! 치대지 않고도 베이커리에서 산 것 같은 폭신하고 맛있는 빵을 만들 수 있어요. 그 원리는 바로 '폴딩'(접어주기)이에요. 기존의 빵 레시피들처럼 치대는 반죽 과정을 통해 빵의 구조를 만들어가는 대신, 1차 발효하는 중간중간에 도우를 접어주는 것으로 빵의 구조를 만들어나갑니다. (Q: 무반죽빵의 자세한 원리가 궁금해요!_p.29)

 **02 기본적으로 발효는 실온의 테이블 위에
방치하듯 진행합니다**

스티로폼이나 발효박스 같은 추가적인 도구를 사용하지 않아 발효 환경 조성에 관한 부담 없이 비교적 편하게 빵을 만들 수 있습니다(빵의 종류에 따라선 최종 발효 시 오븐으로 따뜻한 환경을 조성해 발효하기도 해요). (Q: 발효는 원래 따뜻한 곳에서 해야 하는 거 아닌가요? 왜 꾸움님은 1차 발효를 실온의 테이블 위에서 하나요?_p.34)

 **03 전자저울과 계량스푼을
적절히 사용합니다**

이 책에서는 가능한 한 모든 재료를 전자저울로 계량하며, 인스턴트 드라이이스트와 소금, 인스턴트커피 정도만 계량스푼으로 계량하고 있습니다. 계량스푼 1큰술은 15ml(1Tbsp/1테이블스푼)을, 1작은술은 5ml(1tsp/1티스푼)를 의미합니다. 아무래도 이스트와 소금처럼 5g 안팎으로 소량만 사용하는 재료는 저울로 정확히 계량하기가 어려워 계량스푼을 사용하는 것이 더 편리해요. 계량스푼이 없다면 밥숟가락(큰술) 찻숟가락(작은술)으로 대체해 사용해도 되지만, 제품마다 크기가 조금씩 달라 부정확할 수 있으니, 되도록 계량스푼을 사용해보세요.

**04 액체류(수분)의 양을 스스로
조절할 수 있습니다**

습도나 계절, 재료의 보관 상태에 따라 필요한 수분의 양이 달라질 수 있는데, 생각보다 이 '수분량'의 차이, 즉 도우의 '되기' 차이 때문에 초보자는 당황할 때가 많아요. 그래서 수분의 양을 스스로 조절해 빵의 성공률을 높일 수 있도록 했으니, 걱정 말고 레시피대로 따라와 보세요!

05 팬을 넣는 위치는 **기본적으로 오븐의 중간단입니다, 그러나!**

기본적으로 팬은 오븐의 중간 정도에 넣어 구우면 됩니다. 그러나 예외는 있는 법! 그보다 중요한 건 내 오븐에 대한 감을 잡는 거예요. 윗불이 약한 오븐이라면 윗불에 가깝게, 반대로 윗불이 강하고 아랫불이 약한 오븐이라면 아랫불에 가깝게 자리를 바꾸어 구워보세요. 좀 더 완성도 높은 빵이 될 거예요. 예를 들어, 식빵처럼 높이감이 있는 빵은 중간에서도 살짝 아래쪽에 위치시켜 굽는 게 빵 윗부분이 타지 않아 좋습니다. 오븐을 사용하는 모든 베이킹에서 **내 오븐의 특성을 잘 아는 것**은 성공적인 베이킹의 지름길이에요(치아바타처럼 특별히 아랫불에 가깝게 구워야 하는 빵은 해당 레시피에서 상세히 설명하고 있으니 참고해주세요).

06 이스트는 **인스턴트 드라이이스트를 사용합니다**

인스턴트 드라이이스트는 뜻 그대로 인스턴트하게 즉, 즉각적으로 반응하는 드라이이스트로, 가정에서 사용하기에 좋아요. 이에 대한 내용은 뒤에 나오는 재료 파트에서 한 번 더 소개하겠습니다.

07 덧가루는 **강력분이 기본! 그러나 중력분도 사용 가능합니다**

덧가루는 도우를 다룰 때, 도우가 작업대에 덜 달라붙어 작업이 편리해지도록 사용하는 분량 외의 밀가루를 말해요. 가장 덜 뭉치는 성질의 강력분을 사용하는 것을 추천하지만, 강력분이 부족할 때는 중력분을 사용해도 괜찮습니다. (Q: 박력분은 덧가루로 쓰면 안 되나요?_ p.37)

08 액체류의 온도로 **도우의 발효 환경을 조절합니다**

이 책에서 소개하는 대부분의 레시피에서는 손가락으로 만졌을 때 '온탕같이 기분 좋게 따뜻한 온도'(37~38℃ 전후)의 액체류를 사용하며(치아바타 제외), 이를 통해 도우의 발효 환경을 조절합니다. 손으로 따뜻한 감각을 느낄 수만 있다면, 온도계 없이도 책에 나오는 빵을 만들 수 있어요.

09 **'빠른 버전' 또는 '천천히 버전'** 레시피를 함께 소개합니다

레시피에 따라서 '빠른 버전' 또는 '천천히 버전'의 레시피를 추가로 소개하고 있습니다. 천천히 버전이 더 적합한 레시피(발효 시간을 충분히 가져서 풍미를 끌어올렸을 때 더 맛있는 빵)는 천천히 버전을 토대로 상세히 소개하되, 빠른 버전을 TIP 코너에 추가로 기재했어요. 빠른 버전으로 만들어도 완성도가 높은 레시피(발효 시간을 짧게 가져도 맛있게 완성되는 빵)는 빠른 버전을 토대로 상세히 소개하되, 천천히 버전을 TIP 코너에 기재했습니다. (Q: 천천히 버전과 빠른 버전의 장단점을 알려주세요._ p.34)

10 **성형(빵의 모양을 잡는 것) 과정은 유튜브에서 소개하는 오리지널 레시피 영상을 참고하세요**

레시피마다 해당하는 오리지널 레시피 영상의 큐알코드가 삽입되어 있어요. 이 큐알코드를 통해 유튜브에 접속하면, 해당 빵을 성형하는 모습을 영상으로 볼 수 있습니다. 사진만으로도 최대한 이해할 수 있게 구성했지만, 영상으로 보면 성형할 때의 손동작과 느낌을 확실히 더 이해하기 쉬울 거예요(이 책에서 소개하는 레시피는 최신 개정판이므로, 유튜브의 오리지널 레시피와는 다소 차이가 있을 수도 있습니다).

✦ 02 ✦

재료에서 도구까지 A to Z

| 기본 재료 알아보기

물

물은 수돗물을 받아서 사용해요. 레시피에서 따뜻한 물이 필요할 경우에는 '따뜻한 물'이라고 표기했습니다.

인스턴트 드라이이스트

이 책에서는 사프(saf)사의 빨강색 인스턴트 드라이이스트(저당용)를 사용해요. 인스턴트 드라이이스트는 '인스턴트'(instant)라는 말처럼 수분과 만나면 '즉각적으로 반응하는' 이스트입니다. 이스트는 종류에 따라 사용법이 조금씩 달라 초보자는 혼란스러울 수 있으니, 패키지에 인스턴트(instant)라는 말이 적힌 것을 확인하고 구입하세요.

[인스턴트 드라이이스트 보관법]

한 번 개봉한 이스트는 냉동실에 보관해 사용합니다. 개봉한 이스트를 실온에 보관했다 사용하면, 이스트의 효력이 떨어져 실패의 원인이 될 수 있어요. 물론 냉장실에 보관해도 3개월 정도는 괜찮지만, 더 확실히 하고 싶다면 냉동 보관을 추천합니다(개봉하지 않은 새 이스트는 실온에 보관해도 상관없어요).

밀가루

이 책에선 기본적으로 강력분을 가장 많이 쓰고, 부드러운 식감을 위해 강력분에 중력분을 섞어 쓰거나 때론 중력분만을 쓰기도 합니다. 다음에 나오는 밀가루 종류별 특징을 참고해보세요.

① 강력분

단백질 함량이 가장 높아 흔히 빵의 맛이라고 생각되는 '쫄깃한 맛'을 가진 발효빵을 만들 때 가장 많이 쓰이는 기본 밀가루예요.

② 중력분

단백질 함량이 중간 정도로, 우리가 마트에서 가장 흔히 볼 수 있는 '다목적용 밀가루'가 바로 중력분이에요.

③ 박력분

단백질 함량이 가장 낮아서 쿠키, 케이크 등 부드러운 식감을 내는 제과류를 만들 때 주로 사용합니다. 박력분은 발효빵의 도우를 만드는 메인 재료로는 쓰이지 않지만, 모카빵 위에 얹는 비스킷 같은 것을 만들 때 사용할 수 있어요(참고로 이 책에서 박력분이 반드시 필요한 레시피는 없으니 꼭 구매하지 않아도 괜찮아요).

④ 통밀

밀기울이 살아 있는 통밀을 섞어서 빵을 만들면 구수한 맛이 납니다. 통밀은 제조사에 따라 필요한 수분량의 차이가 일반 밀가루보다 더 많이 나는 편이에요.

소금

기본적으로 요리에 쓰는 흰 소금을 사용합니다. 너무 굵은 입자의 소금은 잘 녹지 않을 수 있으니, 되도록 베이킹에는 고운 입자의 소금을 사용하길 추천해요. (Q: 소금을 빼고 빵을 만들 순 없나요?_p.36)

설탕

책에서는 기본적으로 물에 잘 녹는 백설탕을 사용합니다. 황설탕이든 머스코바도 설탕이든 다른 설탕을 사용해도 빵을 만드는 데는 전혀 문제없어요. 단지 그 설탕이 가진 특징(색과 향)이 완성된 빵이 나타날 수 있어요. 백설탕과 달리, 황설탕이나 흑설탕은 보관 중 돌덩이처럼 굳어 있는 경우가 많으니 이 경우에는 액체류에 넣은 뒤 꼭 잘 녹여주세요.

식용유(오일)

베이킹에서는 기본적으로 '향이 없는 식용오일'을 사용합니다. 보통 집에서 달걀프라이를 할 때 쓰는 오일이면 다 쓸 수 있다고 보면 됩니다. 참고로 저는 몇 년 전부터 '엑스트라 라이트 올리브오일'을 베이킹 할 때 사용하고 있어요. 이 오일은 올리브에서 추출했지만, 특유의 향이 없어서 베이킹이나 한식에 적합해요.

버터

이 책의 재료란에 적힌 '버터'는 기본적으로 '무염버터'(소금이 첨가되어 있지 않은 버터)를 의미하며, 레시피에 '가염버터'(소금이 첨가된 버터)라고 쓴 경우에만 가염버터를 사용하세요 (Q: 집에 가염버터가 많아서 무염버터 대신 쓰고 싶은데, 써도 될까요?_p.36)

① 녹인 버터

▶ 버터가 전자레인지 안에서 이 정도 녹았을 때 꺼내, 나머지는 여열로 저어서 녹입니다.

보통 도우에 넣는 용으로 쓰며, 전자레인지에 살짝 데워서 녹입니다. 단, 전자레인지에 너무 오래 돌리면 녹은 버터가 사방으로 튈 위험이 있어요. 그러니, 보통 15초 내외로 짧게 돌려서 버터의 1/2에서 2/3 정도가 녹으면 꺼낸 뒤 나머지는 저어가며 녹이는 것을 추천해요. 보통 다른 재료를 계량하기 전에 버터부터 녹여서 준비하고, 너무 뜨겁지 않은 상태로 사용해요. (Q: 도우 믹싱 때 들어가는 녹인 버터를 식용유로 대체해도 되나요?_ p.37)

② 실온의 버터

빵 위에 씌우는 달콤한 토핑(모카빵 비스킷, 소보로 등)을 만들거나 탕종빵, 부시맨브레드 도우 안에 흡수시키는 용으로 사용합니다. 버터를 미리 실온에 꺼내놓았다 사용하며, 최소한 손으로 눌렀을 때 살짝 저항감이 있으면서 움푹 들어가는 정도가 좋아요. 단, 모카번 토핑의 버터는 같은 실온의 버터라해도 좀 더 예민한 부분이 있는데, 이에 대한 사항은 모카번 레시피에서 자세히 설명합니다.

우유

물 대신 사용하거나 물과 섞어 사용해 빵의 풍미와 부드러움을 만들어줍니다. 이 책의 모든 레시피에 들어가는 우유는 두유, 아몬드유, 오트밀유 등으로 대체해 사용할 수 있어요.

달걀

이 책에서 사용한 달걀 1개의 무게(껍질은 제외하고 달걀흰자와 노른자만의 무게)는 50g을 기준으로 하며, 찬기가 없는 '실온의 달걀'을 사용합니다. 달걀을 넣으면 빵의 고소함과 풍미가 올라가지만, 밀가루 대비 너무 많이 들어가면 달걀흰자의 단백질 때문에 오히려 퍽퍽해질 수도 있어요. (Q: 달걀은 보통 실온의 것을 추천하셨는데, 특별한 이유가 있나요? 혹시 차가운 것을 쓰면 안 되나요?_ p.37)

꿀

꿀은 수분을 붙잡아두는 성질이 있어서 빵에 촉촉함을 주기 위해 사용합니다. 꿀이 없다면 올리고당처럼 '액체로 된 당'으로 대체해서 만들어요.

호두

제빵에 가장 많이 쓰이는 견과류예요. 호두는 '2배로 맛있어지는, 호두 전처리하기'(p.26)을 참고해 전처리한 뒤 사용해보세요.

올리브오일

이 책에서 올리브오일은 엑스트라버진 올리브오일을 의미해요. 이 오일은 올리브의 풍미를 진하게 담고 있어, 치아바타나 포카치아처럼 이탈리아 빵을 만들 때 주로 사용합니다. 너무 저렴한 올리브오일을 사면 좋지 않은 향에 실망할 수 있으니, 적당한 가격의 올리브오일을 사용하는 걸 추천해요.

동결건조 인스턴트커피

주로 유리병에 커피 알맹이만 들어 있는 제품으로, 물과 만났을 때 즉각적으로(인스턴트하게) 녹는 커피를 인스턴트커피라고 합니다. 말 그대로 액체류에 바로 녹아 스며드는 성질이 있기 때문에 베이킹에 많이 쓰여요. 커피는 브랜드나 제품에 따라 커피 맛의 진하기나 향이 다른데, 이것이 빵 맛에 영향을 줄 수 있어요.

건과일

보통 건크랜베리나 건포도를 많이 사용합니다. 말 그대로 건조한 과일이라 딱딱하고, 가공 시 오일 코팅을 하기 때문에 오일도 묻어 있어요. 그래서 제빵을 할 땐, 따뜻한 물에 미리 15분 정도 담가 불린 뒤 물기를 제거해 사용해요(만약, 보관 상태가 매우 좋은 촉촉한 크랜베리나 건포도라면 꼭 물에 담갔다 사용하지 않아도 괜찮아요).

꼭 필요한 베이킹 도구

오븐

오븐은 가격도 종류도 천차만별이에요. 고가의 오븐이 아니더라도, 꼭 새것이 아니더라도, 각자의 상황에 맞는 오븐으로 행복한 빵 만들기를 시작해보면 좋겠어요. 저도 20만 원대의 40L짜리 오븐으로 처음 베이킹을 시작했답니다. 사진은 저희 집 오븐이에요. 캐나다에서 흔한, 오븐과 하이라이트가 결합된 형태의 매우 평범한 오븐이에요. 공간은 넉넉한 편이지만, 절대 고급 기종은 아니랍니다. 여러분도 여러분만의 주어진 환경에서 빵 만들기에 도전해보세요.

전자저울

정확한 계량만큼 베이킹에서 중요한 것이 있을까요? 전자저울은 빵 만들기의 필수품이라 할 수 있어요. 하나쯤 구입하는 것을 추천합니다. 은근히 일상에서도 쓰이는 때가 많아요.

믹싱볼

저는 지름 21cm 높이 11cm 정도의 유리 소재 믹싱볼을 주로 사용하고 있어요. 하지만 재료를 믹싱할 수 있는 넉넉한 용기라면 믹싱볼이든, 냄비든, 플라스틱 용기든 상관은 없습니다.

내열 용기

주로 액체류를 데울 때 사용해요. 전자레인지 사용 가능한 용기면 무엇이든 됩니다.

도마(작업대)

평소 집에서 쓰는 도마를 작업대로 사용해보세요. 저는 보통 나무로 된 도마를 작업대로 사용합니다.

계량스푼

하나 구비해두면, 소금이나 이스트처럼 소량으로 들어가는 재료를 정확하고 편하게 계량하기에 좋아요.

스크래퍼

도우를 자르거나 볼에서 긁어낼 때 사용합니다. 사진처럼 한쪽은 둥글고 한쪽은 직선으로 된 스크래퍼를 추천해요.

주걱

재료를 믹싱할 때 사용합니다. 재료를 섞을 수만 있다면 주걱 대신 어떤 도구를 써도 상관없지만, 도우가 덜 달라붙고 설거지하기 편한, 사진과 같은 일체형 고무주걱을 추천해요.

면보(랩)

물에 적신 면보는 도우가 건조해지는 것을 방지하기 위한 덮개로 사용해요. 저는 환경 보호 차원에서 면보를 사용하고 있지만, 면보로 쓸만한 것(티타월, 행주 등의 깨끗한 천)이 없다면 랩을 사용해도 좋습니다. 또, 마른 면보는 깜빠뉴를 최종 발효할 때 볼 안에 깔아주는 용도로도 사용해요. 저는 주로 이케아의 티타월을 사용합니다.

체

뭉쳐 있는 밀가루를 곱게 체 칠 때 사용합니다. 주로 지름 15cm의 체를 사용하고 있어요.

작은 체

깜빠뉴를 굽기 직전, 밀가루를 도우 표면에 뿌려 장식하거나 치아바타를 만들 때 작업대 위에 덧가루를 골고루 뿌리기 위해 사용해요.

분무기

도우에 수분을 줄 때 사용해요.

식힘망

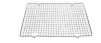

통기성이 좋아 빵을 식히기에 적합해요.

밀대

성형 과정에서 빵의 모양을 잡을 때 사용해요. 무게감이 있는 나무로 된 것을 추천합니다.

테프론시트나 종이호일

빵을 구울 때 베이킹팬 위에 까는 용도로 주로 사용해요. 테프론시트는 한번 팬 사이즈에 맞게 재단해 놓으면 물로 닦아 재사용할 수 있어 좋습니다. 참고로 유산지와 종이호일은 다른 제품이에요. 사진처럼 박스에 들어 있고, 앞에 '종이호일(parchment paper)'이라고 쓰여있는 제품을 사용하세요.

거품기

묽은 재료를 골고루 혼합할 때 사용합니다. 기본 사이즈와 작은 사이즈 두 가지가 있으면 편리해요.

타이머

타이머가 없다면 핸드폰의 타이머를 사용해도 됩니다.

붓

도우 위에 달걀물을 바를 때 사용해요.

작은 볼

책에서는 지름이 약 19cm인 볼을 사용했어요. 깜빠뉴를 최종 발효할 때, 깜빠뉴의 둥근 모양을 잡아주기 위해 반느통 대신 사용합니다(반느통이 있다면 반느통을 사용하세요). 모양을 잡아주기 위한 용도이므로, 비슷한 크기의 소쿠리도 사용 가능해요.

오븐 사용 가능한 냄비

사진과 같은 법랑 냄비, 주물 냄비(무쇠 재질), 스테인리스 냄비 등이 오븐에 사용할 수 있어요. 뜨거운 냄비에 열을 가두어 깜빠뉴 같은 하드빵을 집에서도 멋지게 구울 수 있게 도와줍니다.

쿠프칼, 커터칼 또는 톱칼

빵에 쿠프(칼집)를 넣을 때 사용해요. 쿠프칼 대신 문구용 커터칼을 주방용 세제로 세척한 뒤 사용하거나 작은 톱칼을 사용해도 편리합니다.

사각 용기

치아바타처럼 진 도우를 발효하거나 빵을 보관할 때 사용해요. 저는 주로 이케아의 프루타(PRUTA) 제품 중 가로 20cm, 세로 15cm, 높이 7.5cm의 사각 용기를 애용합니다.

03

한눈에 살펴보는, 꾸움식 무반죽 베이킹

흐름과 원리를 알면, 베이킹이 훨씬 쉬워집니다.
과정을 순서대로 살펴보며, 각 공정의 이유와 특징을 알아봐요.

1. 액체류 따뜻하게 준비하기

보통 전자레인지를 이용합니다. 손으로 만졌을 때 온탕처럼 기분 좋게 따뜻한 정도(37~38℃ 전후)인지 체크해 액체류의 온도를 맞추고, 이를 통해 도우의 온도(이스트가 잘 활동할 수 있는 환경을 조성)를 조정해요. 각 레시피에서 전자레인지로 얼마나 데워야 하는지 설명하고 있는데요. 전자레인지마다 조금씩 차이가 있을 수 있으니 레시피의 시간을 참고로 하되, 너무 뜨거우면 저어서 식히고 너무 미지근하면 더 데우는 등 실제 느껴지는 액체류의 따뜻함을 맞추는 것에 유의하세요.

2. 믹싱하기

도우에 들어가는 모든 재료를 넣고 섞는 작업입니다. 재료를 넣으면 지체하지 말고 바로 섞어야 덩어리 지지 않아요.

TIP) 쉽게 믹싱하는 법

맷돌 돌리듯 섞기 처음에는 되도록 주걱을 짧게 쥐고(사진 1처럼 손잡이의 아랫부분을 잡으면 힘이 더 잘 들어가요.) 바닥을 긁어가며 맷돌을 돌리듯 한 쪽 방향으로 섞습니다. 이때 옆면도 잘 긁어가며 섞어주세요.

으깨듯이 섞기 위 동작으로 더는 잘 섞이지 않는 시점부터는 주걱의 넓은 면을 이용해 으깨듯이 섞습니다. 밀가루가 안 보이고 뭉친 곳이 없을 때까지 완전히 섞는 것이 포인트예요. (Q: 도우가 너무 질거나 또는 되게 완성됐을 때 응급처치 방법을 알려주세요._ p.38)

3. 1차 발효하기

1차 발효는 이스트가 도우 안에서 가스를 내뿜어 빵의 구조와 풍미를 만들어가는 것을 기다리는 시간이에요. 1차 발효는 실온의 테이블 위에서 방치하듯이 진행합니다. 책에서 소개하는 레시피는 사람이 느끼기에 과하게 춥거나 과하게 덥지 않은 실내 온도(약 18~28℃)에서 진행할 경우에 큰 문제없이 빵을 만들 수 있게 구성되어 있어요. 따라서 발효 환경에 대해 너무 걱정하지 말고, 레시피대로 도전해보세요. (Q: 가만히 있어도 땀이 날 정도로 덥거나, 가만히 있어도 코가 시릴 정도로 집 안이 춥다면 어떻게 해야 하나요?_p.39 / Q: 발효할 때 덮어주는 젖은 면보는 늘 따뜻함을 유지해야 하나요?_ p.38 / Q: 면보 대신에 랩을 써도 되나요?_ p.38)

4. 폴딩하기(도우 접기)

무반죽 베이킹의 핵심 공정인 '폴딩'이에요. 도우를 치대지 않는 대신(반죽 공정이 없는 대신) 1차 발효 중간중간 폴딩을 통해 글루텐을 발전시켜나갑니다. 사각 용기를 이용해 발효하는 치아바타와 감자 포카치아를 제외한 이 책의 모든 레시피는 아래와 같이 폴딩을 진행해요(그중 치아바타의 폴딩은, 그 원리는 같지만 도우를 좀 더 섬세하게 다뤄야 해서 몇몇 유의해야 할 점이 있어요. 그 부분은 치아바타 레시피에서 자세히 살펴볼 수 있어요).

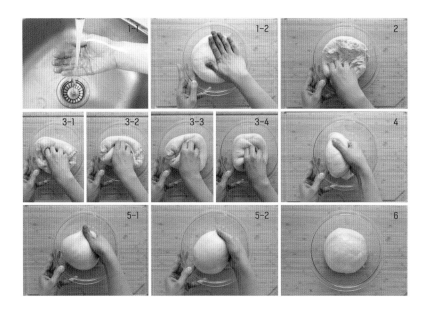

1 끈적이지 않도록 손에 물을 묻힌 뒤 도우의 가스를 살짝 뺍니다.

> * 이때 도우를 짓누르지 말고, 가스만 살짝 빼주세요. 폴딩은 치대는 것과는 다르다는 것을 기억해주세요.

> * 표면이 끈적여 가스를 빼기 어려울 수 있어요. 그럴 땐 접어가면서 자연스럽게 가스가 빠지도록 해요. 저의 순서와 완전히 동일하지 않더라도 결과적으로 폴딩 뒤 사진 6처럼 마무리되면 괜찮아요.

2 도우를 뒤집어 매끈한 면이 아래를 향하게 합니다.

3 동서남북 사방으로 접습니다.

4 다시 뒤집습니다.

5 살짝 둥글려 모양을 정리합니다.

6 매끈한 면이 위를 향하도록 놓으면 완성입니다.

5. 분할하기

1차 발효와 폴딩을 통해 밀가루 덩어리가 폭신한 빵이 될 수 있는 도우로 변신했다면, 이제는 분할을 할 차례입니다. 분할은 원하는 크기의 빵을 만들기 위해 도우를 잘라 나누는 공정이에요. 분할을 쉽게 잘할 수 있는 몇 가지 포인트를 정리해볼게요.

1　스크래퍼를 수직으로 세워서 되도록 한 번에 잘라 도우에 손상이 덜 가도록 합니다.

2　작은 크기로 분할할 땐, 사진과 같이 도우를 긴 막대기 모양으로 자른 뒤 분할하면 편합니다.

3　한 덩어리씩 저울로 바로바로 재가면서 분할하면 빠르고 편합니다.

6. 둥글리기

둥글리기는 최종적인 빵의 모양을 잡기(성형)에 용이하도록 분할한 도우를 한 번 정리하는 작업입니다. 밑바탕이 잘되어 있어야 성형도 예쁘게 할 수 있겠죠? 최종적으로 어떤 모양으로 성형하느냐에 따라 둥글리기를 하는 모양도 달라집니다. 이 책에서는 다섯 가지 형태의 둥글리기가 나오니, 각각의 레시피에 맞게 참고해서 해보세요.

(1) 기본 원형

모닝빵이나 모카번 등 대부분의 레시피에 쓰이는 가장 기본이 되는 둥글리기 방법이에요.

1   도우의 매끈한 면 쪽에 덧가루를 살짝 묻힙니다.

2   손바닥 위에 올려놓고 매끈한 면이 위를 향하도록 잡습니다.

3~8   모양은 둥글고, 표면은 매끈하게 되도록 둥글립니다.

    ＊ 손의 옆면(화살표 표시)으로 밀었다가 손끝(화살표 표시)으로 끌어내리며 둥글린다는 느낌이에요.

    ＊ 도우가 작으면 3~5회, 크면 5~8회 이상으로 둥글려야 모양이 잡혀요.

    ＊ 힘을 너무 세게 주거나 너무 많이 둥글리면, 표면이 찢어지는 수가 있으니 조심해요. 처음에는 어렵게 느껴질 수 있지만, 하면 할수록 감이 잡혀요.

9   완성입니다.

(2) 초보자용 원형

기본 원형이 어렵게 느껴진다면, 이 방법으로 해보세요.

1   도우의 매끈한 면 쪽에 덧가루를 조금 묻힌 뒤 가스를 살짝 뺍니다.

2   매끈한 면이 아래에 맞닿게 놓습니다.

3~6   도우를 바깥에서 안으로, 가운데 지점을 향해 접어서(왕만두 모양처럼) 모 아줍니다.

7   다 됐으면 매끈한 면이 위를 향하도록 다시 뒤집어줍니다.

8~10   모양이 동그랗게 되도록 조금 더 다듬습니다.

11   기본 원형과 똑같이 모양은 둥글고, 표면이 매끈해지면 완성입니다.

(3) 원통형

베이글과 소시지빵을 만들 때 사용해요.

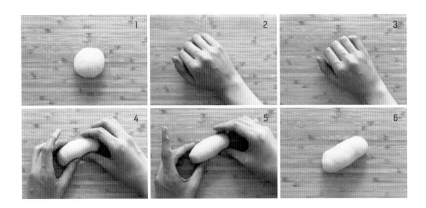

1   앞서 소개한 원형으로 둥글리기 한 상태에서 시작합니다.

2   손을 오므려 도우를 살짝 쥔 상태에서 손바닥으로 도우를 바깥으로 밀
    어줍니다.

3   다시 손끝으로 당겨옵니다.

   * 이렇게 밀었다 당겨오는 동작을 1~2회 정도 해요.

4   사진과 같이 도우를 잡고, 양손의 엄지손가락으로 바깥으로 밉니다.

5   다시 두세 번째 손가락으로 잡고 당겨옵니다.

6   원통형 모양이 되고, 표면이 매끈해지면 완성입니다.

(4) 타원형

모카빵이나 식빵을 만들 때 사용해요.

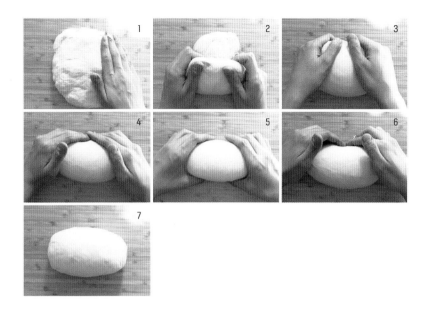

1 도우의 매끈한 면 쪽에 덧가루를 조금 묻힌 뒤 가스를 살짝 빼줍니다.

2~3 도우를 뒤집어 매끈한 면이 아래를 향하도록 놓은 뒤, 양손을 사용해 매끈한 면이 위로 오도록 바깥 방향으로 말아줍니다.

4~6 도우가 살짝 탱탱해진 상태에서 도우를 아래로 당겼다 위로 밀었다 2~3회 반복하며 모양을 잡습니다.

7 타원형 모양이 되고, 표면이 매끈해지면 완성입니다.

(5) 덩어리형

탕종 식빵과 숙성 버전 피자 도우를 만들 때 사용해요.

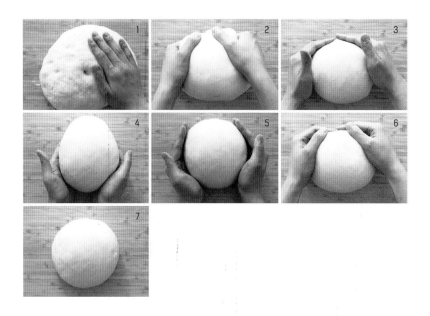

1   도우의 매끈한 면 쪽에 덧가루를 조금 묻힌 뒤 가스를 살짝 뺍니다.

2   도우를 뒤집어 매끈한 면이 아래를 향하게 놓은 뒤, 양손을 사용해 매끈한 면이 위로 오도록 바깥 방향으로 둥글리며 말아줍니다.

3~6   양손으로 위에서 아래로 당겨주며 둥그렇게 모양을 잡고, 다시 아래로 위로 밀어주며 둥그렇게 모양을 잡습니다.

      ＊원형의 모양이 되고, 표면이 매끈해질 때까지 이 동작을 5~8회 정도 반복해요.

7   원형이 되고, 표면이 매끈해지면 완성입니다.

7. 휴지시키기(벤치 타임)

성형 작업에 들어가기 전에 둥글리기가 끝난 도우를 약 10~15분 정도 쉬어주는 공정이에요. 둥글리기 직후의 도우는 손으로 마찰을 가했기 때문에 탄력이 강한 상태가 됩니다(마찰할수록 도우의 탄성이 강해져요). 이렇게 탄성이 강해진 상태에선 모양을 잡으려 해도 잘되지 않으므로, 도우의 힘이 풀려 성형하기 편한 '유연한 상태'가 되도록 잠깐 기다려주는 거에요.

8. 성형하기

휴지까지 끝나서 완전히 준비된 도우를 가지고 최종 빵의 모양을 만드는 것이 성형이에요. 이룰 성(成), 모양 형(形)을 써서 '(빵의) 모양을 만들다'라는 뜻입니다. 빵마다 완성된 모양이 다르듯 성형하는 방법도 다 다르답니다. 각각의 성형 방법은 빵의 상세 레시피에서 살펴볼 수 있어요.

9. 최종 발효하기

성형을 하면서 필연적으로 도우가 눌리고 가스가 빠지게 됩니다. 그래서 다시 한번 도우 안쪽에 가스가 차도록 기다리는 것이 최종 발효예요(1차 발효: 도우의 골격을 형성하는 발효, 최종 발효: 굽기 전에 성형하면서 눌린 도우가 다시 한번 부풀도록 기다려주는 발효). 이 책에서는 빵의 특성에 따라 최종 발효를 실온에서 하는 경우도 있고, 오븐으로 따뜻한 환경을 조성해서 하는 경우도 있답니다.

10. 굽기

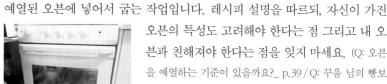

예열된 오븐에 넣어서 굽는 작업입니다. 레시피 설명을 따르되, 자신이 가진 오븐의 특성도 고려해야 한다는 점 그리고 내 오븐과 친해져야 한다는 점을 잊지 마세요. (Q: 오븐을 예열하는 기준이 있을까요?_ p.39 / Q: 꾸움 님의 빵보다 색이 너무 진하게 구워져요. 또는 색이 너무 연하게 구워지고 속까지 잘 안 익어요._ p.40)

04

2배로 맛있어지는, 호두 전처리하기

호두를 전처리해서 사용하면 훨씬 맛이 깔끔하고 고소합니다. 베이킹 재료로도 좋지만,
간식으로 먹어도 훌륭하니 꼭 해보세요. '아니 호두가 이렇게 맛있었다니!'라고 느끼게 될 거예요.

밑 준비

시작하기 전에 오븐을 170℃에서 10~15분 정도 예열하고, 베이킹팬에 테프론
시트나 종이호일을 깔아서 준비합니다.

---

1   냄비에 물을 2/3 정도 담아 강불로 끓이다가
    물이 끓기 시작하면 중약불로 줄입니다.

2   준비한 호두를 뜨거운 물에 넣습니다.
    * 이때 호두는 물에 넣어서 잠길 정도의 분량을 넣어요.
    * 호두 분태와 반태 모두 방법은 같아요.

3   주걱으로 3~5회 정도만 휘휘 저은 뒤
    바로 불을 끕니다.
    * 이렇게 뜨거운 물에 호두를 샤워시키면 겉에 붙은
    떫은 맛을 내는 성분들이 떨어져나가요.

4 호두를 체에 걸러 싱크대에서 차가운 물로
   살짝 헹군 뒤 물기를 잘 털어줍니다.

   * 물기가 너무 많으면 키친타월로 닦아주세요.

5 준비한 팬으로 옮긴 뒤 호두가 겹치지 않도록 깔아줍니다.

   * 호두를 겹쳐서 구우면 골고루 구워지지 않으니,
   양이 많을 경우에는 팬을 2개로 나눠서 구우세요.

6 170℃로 예열된 오븐에 약 15~18분 정도 굽습니다
   (오븐 예열이 아직 덜 됐다면, 실온에 대기했다가 구우세요).

   * 호두의 색이 진해지며 고소한 냄새가 나요.

   * 팬에 호두를 담는 양에 따라 굽는 시간이 조금씩
   달라질 수 있으니 잘 확인하며 구워요.

7 구운 호두는 팬째 완전히 식힌 뒤, 지퍼 백에
   담아 냉동실에 보관해놓고 사용합니다.

   * 팬 위에서 식혀야 바삭하게 완성돼요.

·05·

꾸움식 무반죽 베이킹 Q&A

유튜브를 운영하면서 무반죽 베이킹에 관해 많이 받았던 질문들을 Q&A 형식으로 정리했어요.
이 책에 소개한 무반죽 베이킹 레시피는 머릿속 가설을 테스트하며 하나씩 저만의 스타일로
정립해온 것이기 때문에, 모든 답변은 실제 경험과 테스트를 통해 나온 결과를 기반으로 하고 있습니다.
(아래 내용은 2021년 유튜브 채널 '꾸움'에 업로드된 '접어서 만드는 빵 Q&A 편'을 토대로 합니다.)

Q. 무반죽은 '반죽이 없다'는 뜻인데, 여기서의 반죽은 어떤 것을 의미하며 무반죽빵이란 무엇인가요?

A. 여기서 '반죽이 없다'는 것은 '힘과 시간을 들여 치대는 반죽 과정(kneading process)이 없다'는 말로, 무반죽빵이란 **힘과 시간을 들여 치대는 과정 없이 만드는 빵**을 의미합니다. 그러니 반죽기나 제빵기 그리고 치대는 손반죽이 필요하지 않아요.

반죽은 다음의 세 가지 뜻을 지니고 있어요. 첫째, 영어의 **kneading**에 해당하는, **힘을 가해 치대는 행위**. 둘째, 영어의 **dough**에 해당하는 **밀가루 덩어리 그 자체**. 셋째, **가루에 물을 부어 한 덩어리로 만드는 행위**. 이렇게 중복되는 의미로 쓰이는 특성 때문에, 한쪽에선 이 '무반죽'이라는 말이 성립되지 않는다는 의견도 있습니다. 하지만 반죽에는 힘을 가해 치대는 행위라는 뜻(kneading)도 있고, 일반적으로 제빵에서의 반죽 공정이란 재료를 섞은 뒤 기계로든 손으로든 치대서 글루텐을 형성하는 것을 의미하므로, '치대는 공정이 없다'는 뜻으로서 무반죽이란 말은 충분히 성립한다고 생각해요.

Q. 꾸움 님의 무반죽빵(접어서 만드는 빵) 레시피란 무엇인가요?

A. 이는 기존에 바게트나 치아바타 같은 수분율이 높은 빵을 만들 때 주로 쓰였던 무반죽법을, 식빵이나 모닝빵과 같은 소프트빵을 만드는 데 적용하면서 탄생한 레시피입니다. 그래서 힘과 시간을 들여 반죽기나 손으로 강하게 치대야만 만들 수 있을 거라 생각했던 결이 부드러운 모닝빵이나 식빵을 반죽기 없이 힘들여 치대지 않고도 만들 수가 있어요.

Q. 기존에 있던 무반죽빵과 무엇이 다른가요?

A. 제가 처음 무반죽 소프트빵 레시피를 만든 2018년 겨울만 해도, 무반죽빵은 바게트, 치아바타, 깜빠뉴와 같은 수분이 많고 오일이나 설탕이 거의 들어가지 않는 빵, 흔히 말하는 건강빵류에 한정되어 있었어요. 무반죽으로 모닝빵이나 식빵 같은 부드러운 결이 살아 있는 빵을 만든다는 개념은 거의 없었고, 저 또한 부드러운 빵은 손으로 치대거나 반죽기가 꼭 있어야만 만들 수 있다고 생각했거든요. 만약 이게 가능하다면 빵 만들기가 파격적으로 편해질 텐데, 대중적으로 하지 않으니 당연히 안 되서 안 하는가 보다라고 생각했던 거죠.

그러던 중 어떤 계기로 반죽을 치대지 않고 1차 발

효 과정에서 폴딩만을 진행하는 방법을 적용해 모닝빵을 만들어보게 되었어요. 이를 통해 저 또한 놀랐던 제 첫 무반죽 레시피인 '무반죽 모닝빵'이 완성됐습니다.

Q. 무반죽빵의 자세한 원리가 궁금해요. 어떤 원리로 치대지 않고도 식빵처럼 폭신한 빵을 만들 수 있는 건가요?

A. 밀가루 속에는 단백질인 '글리아딘'과 '글루테닌'이 들어 있어요. **이 글리아딘과 글루테닌이 물과 만나면 '글루텐'이라는 그 물망 같은 구조가 생깁니다.** 그러니까 처음부터 밀가루 속에 글루텐이 들어 있는 것은 아니고, 글루텐을 형성할 수 있는 재료를 갖고 있는 거죠. (참고: 요시노 세이이치의 《빵의 과학》)

밀가루와 물은 만나기만 해도 시간이 지나면 어느 정도의 글루텐이 생기긴 해요. 하지만 우리가 좋아하는 폭신하고 부드러운 빵을 만들기 위해서는 글루텐이 많이 형성되어야 합니다. **글루텐이 이스트가 내뿜는 탄산가스를 많이 담아두면서 빵이 폭신하게 부풀 수 있는 조건을 만들기 때문이에요.** 따라서 글루텐이 적은 빵에 비해 글루텐이 많은 빵이 더 폭신하고, 단백질이 적은 중력분으로 만든 식빵보다 단백질이 많은 강력분으로 만든 식빵의 볼륨이 더 좋은 거예요. 식빵 같은 부드러운 빵을 만들 때 글루텐이 많이 없다면 납작하고 묵직한 빵이 되는 거죠.

글루텐을 많이 형성시키기 위해서 일반적으로 하는 방법이 영어로는 kneading, 우리말로는 치대기(반죽 공정)인 거예요. 손으로 치댈 때는 손반죽이라고 하고요. 강한 힘과 시간을 들여서 밀가루 반죽 즉, 도우를 막 치대면 글루텐이 많이 형성됩니다. 일반적인 빵 만들기 방법인 치대서 만드는 방법은, 물리적 힘을 가하는 치대는 행위를 통해 본격적인 발효(1차 발효)에 들어가기 전에 이미 글루텐을 원하는 만큼 형성시킨 뒤 발효를 진행해요.

이에 반해, 무반죽빵은 발효하기 전에 글루텐 형성을 하지 않고, **발효하는 중간중간에 폴딩을 함으로써 글루텐을 점점 형성시켜나갑니다.** 그렇기 때문에 발효를 막 시작할 때는 거칠어 보이던 도우도 1차 발효가 끝나고, 윈도우 테스트를 해보면 글루텐이 형성된 것을 확인할 수가 있어요. 정말 신기하죠. 늘려 접는 간단한 폴딩 작업을 통해(정말 간단하잖아요?) 글루텐의 구조가 강화되면서 글루텐이 점점 더 형성되어가는 거예요.

이런 원리 덕분에 굳이 치대지 않고도 폭신한 빵을 얻을 수 있답니다.

Q. 치대지 않고도 부드러운 빵을 만들 수 있다는 사실을 어떻게 알게 된 건지 궁금해요.

A. 저는 현재 캐나다에 살고 있는데요. 약 5년 전 한국에서 캐나다에 온 지 막 두 달 정도 됐을 때였어요. 남편이 학교에 다닐 예정이었기 때문에, 생활비를 아끼기 위해 캐나다 현지인 아저씨 집

에서 방 한 칸을 빌려 하숙을 하고 있었습니다. 그런데 갑자기 부드러운 한국식 빵이 먹고 싶은 거예요. 당연히 최소한의 짐으로 이주했기 때문에 반죽기를 갖고 있지 않았고, 기계가 없으니 손으로 강하게 도우를 치대는 손반죽을 해야 하는데, 힘든 걸 아니까 귀찮은 거예요. 그때 한 가지 생각이 떠올랐어요. **무반죽 바게트를 만들 때 쓰는 방법 즉, 1차 발효 중간중간에 폴딩을 해서 도우를 발전시키는 방법을 모닝빵 같은 소프트 빵에 적용해 보면 어떻게 될까? 과연 치대지 않고도 부드러운 빵이 될까?**

물론 베이커리 현장에서 제빵사로 일했었고, 홈베이킹 경험도 있었기에 저도 처음에는 의심이 들었어요. 하지만, 에라 모르겠다! 실패해도 좋으니까 한번 해보자!'라는 마음으로 기본 모닝빵 배합에 1차 발효 시 간격을 두고 폴딩을 하는 방법을 적용해봤습니다.

그런데 웬일이에요! 마치 파는 것 같은, 마치 치대서 만든 것 같은 결이 살아 있는 폭신한 빵이 된 거예요. 게다가 맛은 왜 이렇게 좋은지. 너무 신기해서 기존에 이 같은 방법으로 부드러운 빵을 만드는 법이 있었는데, 혹시 내가 몰랐던 건 아닐까 싶어서 네이버, 구글, 야후 등 모든 검색창에 비슷한 레시피가 있는지 검색해봤어요. 그런데 적어도 2018년 12월 시점에는 없었답니다. 물론 제 검색 실력이 부족했을 수도 있고, 제가 놓친 부분이 있을 수도 있으며, 또 대외적인 활동을 하고 있지 않은 고수 베이커분들은 이미 어디에선가 이 방법으로 빵을 굽고 있을 거라는 생각도 들었어요. 그러나 당시에 인터넷에서 쉽게 검색되지 않는 건 이 방법이 대중적이지 않다는 걸 의미하는 게 아닐까 싶었어요.

가끔 어디서 이 방법을 보고 만들게 되었는지 댓글로 물어보는 분들이 있는데, 간단히 이렇게 정리할 수 있겠습니다. '쉽게 빵을 만들고 싶어서 어떻게 할까 고민하다가 머릿속에 떠오른 생각을 실험하면서 시작됐다.'

물론 폴딩에 관해서는 베이커리에서 제빵사로 일할 때부터 알고 있었어요(현장에서는 '펀치'라고도 불러요). 주로 치아바타와 바게트를 만들 때 기계로 믹싱과 치대는 반죽을 끝낸 뒤 도우에 힘을 주기 위한 하나의 추가 공정으로 진행했어요. 그리고 그때 어렴풋이 느꼈답니다. 폴딩을 하면 마법같이 도우가 탱탱해지고 힘이 생긴다는 걸.

하지만 당시에는 기계로 도우를 치댄 뒤에 추가로 폴딩을 한 것이지 폴딩만으로 빵을 만든 건 아니었기 때문에 반신반의했어요. '폴딩만으로 빵이 된다고? 음… 그래. 포카치아나 치아바타처럼 수분이 많이 빵들은 이런 방법을 사용해 만들기도 하니까… 그런데 폴딩만으로 결이 살아 있는 부드러운 빵이 된다고?!' 이 사실은 제빵사로 일했던 저에게 큰 충격이자 새로운 발견의 시작이었어요. 지금까지 제가 알고 있던 것들이 무너지는 느낌이 들었습니다.

그렇게 이 방법의 뼈대를 발견한 뒤에 저는 이를 토대로 제가 추구하는 맛의 뜯어 먹는 모닝빵 레시피(무반죽빵의 첫 레시피)를 완성했어요. 앞으로 당분간 캐나다에서 반죽기를 들이는 것은 힘들 것 같았는데, '이 방법으로 빵 만들어 먹고 살면 되겠다!' 싶어서 매우 만족스러웠습니다. 당시에는 유튜브를 시작할 생각도 못한 터라 그 레시피는 정말 오로지 저를 위해 완성한 것이었어요.

그리고 다음 해 봄, 갑자기 유튜브를 시작하게 되면서 2019년 5월 '무반죽 모닝빵'이라는 이름으로 세상에 처음 그 레시피를 공유했어요. 처음에는 제 유튜브 채널처럼 관심을 받지 못했지만, 약 8개월 뒤에 이 레시피가 갑자기 주목을 받기 시작하면서 제 무반죽빵 레시피가 지금처럼 알려지게 되었답니다.

Q. 치대는 공정이 있는 반죽법으로 만드는 레시피를 사용해서 무반죽법으로 만들어도 되나요?

A. 네, 된다고 할 수 있어요. 물론 제가 세상의 모든 빵을 만들어본 것은 아니며, 빵마다 조금씩 특성이 다르기 때문에 '어떤 빵이라도 100% 다 된다'라고 단정 짓기엔 무리가 있어요. 하지만 대중적으로 흔히 만드는 빵들은 대부분 비슷한 뼈대를 갖고 있어서, 경험상 된다고 얘기할 수 있습니다. 왜냐하면 치대는 작업을 대신해 중간중간 접는 것으로 글루텐을 형성하고 도우를 발전시킬 수 있으니까요.

중요한 건, 밀가루 대비 이스트의 양이에요. 제가 지금까지 테스트해온 바에 따르면, 사람이 너무 덥지도 너무 춥지도 않다고 느끼는 실온(약 18~28℃)에서 밀가루 양 대비 이스트 양이 2%일 경우 1차 발효 시 총 45분간 15분 간격으로 2회 폴딩하고, 밀가루 양 대비 이스트 양이 1%일 경우 총 1시간 30분간 30분 간격으로 2회 폴딩하는 방법은 적어도 모든 소프트빵에 적용 가능하다고 생각합니다.

그러니 여러분이 이 방법을 적용해볼 수 있다면 기존에 있는 배합에 제 방법을 적용해도 됩니다. 다만, 제 레시피들은 제가 테스트하고 안정적으로 나온 것만 공유하는 것이니 여러분이 직접 할 때는 시행착오가 있을 수도 있다는 점을 기억하세요.

Q. 무반죽으로 만든 빵은 치대서 만든 빵에 비해 맛이 덜하나요?

A. 그럴 수도 있고, 아닐 수도 있습니다. 빵을 접어서 만들었는지, 치대서 만들었는지의 여부보다 더 중요한 요소가 있기 때문이에요. 바로 발효 시간의 차이에서 오는 '풍미의 차이'라고 할 수 있어요.

흔히 '빵의 맛'이라고 하는 것에는 두 가지가 있습니다. 폭신하고 쫄깃한 느낌처럼 '질감'에서 느껴지는 맛이 있고, 혀에서 은은하게 느껴지는 맛과 향에 속하는 '풍미'가 있어요. 일반적으로 이 두 가지가 만족될 때 보통 빵이 맛있다고 느낍니다. 물론 빵의 종류마다 의도한 빵의 질감이 다를 수 있기 때문에 저는 가장 보편적인, 소프트하고 폭신한 식빵을 예로 들어 얘기해볼게요.

질감과 풍미를 빵 맛의 두 요소로 보았을 때, 치대서 만드는 빵은 치대서 글루텐을 형성하고, 접어서 만드는 빵은 1차 발효 중간중간에 접어서 글루텐을 형성하니까 최종적으로 봤을 때 둘 다 글루텐이 형성되는 것은 같아요.

물론 기계로 강하게 치대서 글루텐을 최대한으로 형성시킨 빵이 접어서 만든 빵에 비해 먹었을 때 좀 더 쫄깃하고 쫀쫀한 맛이 강하게 만들어져요. 하지만 먹었을 때 유의미한 차이는 아니고 둘 다 매우 폭신하고 부드럽습니다. 따라서 질감적인 측면에서 맛에 큰 차이는 없다고 할 수 있어요.

하지만 두 번째 요소인 풍미는, 1차 발효 시간에 따라 달라져요. 역시 가장 기본적인 식빵을 동일한 조건에서 만드는 경우를 예로 들어볼게요. 치대서 만들되 이스트를 많이 쓰고 1차 발효를 빨리한 빵과 치대지 않고 접어서 만들었지만 이스트를 적게 써서 천천히 발효한 빵을 비교하면 후자가 더 맛있습니다. 즉, **질감은 같은데 풍미가 더 좋은 빵**이 됩니다. 반대로 접어서 만든 빵이라도 이스트를 많이 써서 1차 발효를 빨리 하면, 치대고 1차 발효를 천천히 한 빵보다 풍미가 떨어지게 됩니다. 더운 곳에서 빨리 익힌 김치보다는 저온에서 천천히 익힌 김치가 더 맛있다고 느끼는 것과 같은 원리예요. 아마 베이커리에서 '저온 발효빵', '12시간 숙성했어요' 같은 문구로 광고하는 것을 본 적이 있을 거예요. 이런 광고가 있는 이유도 천천히 발효할 때 풍미가 좋은 빵이 되기 때문이에요.

이렇게 빵의 맛은 접어서 만들었는지 치대서 만들었는

지의 여부보다는 발효 시간, 그리고 레시피의 전체적인 구성(재료 배합의 조화)에 따라 결정된다고 할 수 있습니다.

물론 빵의 특성에 따라, 또 만드는 사람의 의도에 따라 일부러 발효를 짧게 하는 빵도 있기 때문에 '모든 빵이 발효를 오래 해야만 맛있다'라고 단정할 순 없어요. 마치 제 오트밀빵과 소금빵 레시피처럼요. 제 오트밀빵과 소금빵은 천천히 발효한 '천천히 버전'보다는 발효를 짧게 한 '빠른 버전'이 더 매력적이고 맛있게 느껴집니다.

가끔씩 치대지 않는 방법으로 만들었기 때문에 빵이 잘 안 나왔다고 오해하는 분들도 있어요. 하지만 그런 경우엔 '접어서 만드는 빵은 치댄 빵에 비해 글루텐이 충분히 형성되지 못해서 빵이 잘 안 나온다'가 아닌, 발효 전체나 다른 것에 문제가 있을 가능성이 큽니다. 이스트의 보관이 잘못되어 이스트 효력에 문제가 생겼다거나 최종 발효가 부족했을 가능성 말이죠. 만약, 레시피대로 평범하게 잘 진행했다면 빵은 매우 폭신하고 맛있게 나올 테니 걱정하지 마세요.

Q. 치대지 않고 만들면 시간이 더 오래 걸리나요?

A. 전체적으로 보면 손이 덜 가서 오히려 시간이 적게 걸립니다. 같은 양의 이스트를 써서 완전히 같은 배합으로 두 가지 방법을 만들어보면, 접어서 만들 때 도우를 치대는 데 들어가는 시간이 빠지고 도우의 부푸는 힘이 좋아서 최종 발효가 빨리 되니까 결과적으로는 오히려 시간이 덜 걸리게 돼요.

예를 들어, 모카빵을 만들 때 접어서 빠른 버전으로 만들면 약 2시간이 걸리지만 반죽기를 사용하면 같은 배합으로도 2시간 30분 정도가 걸립니다. 그러면 '왜 꾸움 님 초기 레시피는 시간이 많이 걸리나요?'라고 궁금해할 텐데, 그것은 제가 이스트를 적게 쓰고 천천히 발

효해 풍미를 높이는 레시피로 구성을 했기 때문이에요. 또 이 방법을 처음 개발한 곳이 앞서 얘기했듯 한겨울 캐나다의 서늘한 주방이었기 때문에 처음에는 발효 시간을 좀 길게 잡고 테스트했던 것의 영향도 있어요.

그래서 3년 전부터는 이스트의 양을 조절해 빨리 만드는 버전과 천천히 만드는 버전 모두를 제시하고 있습니다. 여러분의 필요에 따라 선택할 수 있게요. 다만, 소금빵, 부시맨브레드, 프레즐, 오트밀빵처럼 이스트양을 늘려서 빨리 만들었을 때 더 매력적이거나, 또는 천천히 버전과 큰 차이가 없는 빵들은 빠른 버전 레시피로만 소개하고 있어요. 그러니 이제는 더 이상 접어서 만드는 빵이 시간이 많이 걸린다고 생각하지 않길 바랍니다.

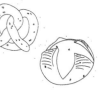

Q. 무반죽 베이킹이 이렇게나 편리한데, 왜 많이 알려지지 않았을까요?

A. 그렇죠. 힘도 시간도 덜 들고 게다가 맛도 아주 좋은데 말이에요. 아직 이 방법이 덜 대중적이고 잘 알려지지 않아서인 것 같아요. 그리고 어쩌면 '치대지 않으면 빵이 잘될까?'라고 생각하는 사람들의 편견 때문이 아닐까 싶습니다. 지금까지 치대서 만들어오던 부드러운 결이 있는 빵을 그러니깐, 강하게 내리치거나 반죽기가 없으면 만들지 못할 거라고 생각했던 식빵 같은 것까지 치대지 않고 만든다고 하면 저었어도 '맛은 아마 덜하겠지', '제대로 안 나오겠지', '치대서 만든 것처럼 나올 리가 없지'라고 생각할 수 있을 것 같아요.

그러나 아직 대중적이지 않아서일 뿐 홈베이커에게 정말 효율적이고 편한 방법이라고 생각해요. 규모가 작고 적은 자본으로 베이커리를 시작하려는 분들이 이 방법을 응용하면, 반죽기를 들이지 않고도 효과적으로 베이커리를 운영할 수 있지 않을까 싶습니다.

Q. 폴딩을 한 번 할 때 사방으로 4회 접는 게 아니라 10회 정도로 많이 접으면 더 좋을까요?

A. 테스트 결과 일반적인 식빵과 모닝빵처럼 평범한 소프트빵의 경우에는 특별한 차이가 없었습니다. 사방으로 접는 것만으로도 충분해요. 물론 10회 접는다고 큰일 나는 건 아니지만 4회로도 충분하니까 군이 더 많이 할 필요는 없겠죠. 게다가 경험이 적은 초보자는 아직 감이 부족해 많이 접다가 실수로 너무 치대듯이 도우를 눌러서 제시간 안에 도우가 제대로 부풀지 못할 위험성도 있어요. 그래서 저는 사방으로 접는 것으로 안내하고 있습니다.

여기까지는 보통의 경우에 관한 이야기고, 좀 더 전문적으로 들어가면, 원래 폴딩의 강도는 빵 도우의 성질 그리고 만드는 사람의 의도에 따라 다르게 할 수 있는 부분이에요. 예를 들어 브리오슈처럼 유지(버터나 오일)가 많이 들어가 질고 기름진 도우는 강하게 폴딩을 해서 도우의 힘을 키워주고, 반대로 바게트처럼 이스트가 적게 들어가 부푸는 힘이 약한 도우는 폴딩을 조심스럽게 합니다. 이렇게 필요에 따라 폴딩의 강도에 차이를 둘 수가 있어요. 뿐만 아니라 일부러 발효 시간을 늦추려고 한다든지 도우가 너무 처져 보인다든지 할 때 도우에 힘을 주기 위해 폴딩을 일부러 타이트하고 강하게 할 수도 있습니다.

Q. 폴딩을 전체 2회가 아닌 3회, 또는 그 이상으로 하면 결과물이 더 잘 나오나요?

A. 제 레시피에서는 1차 발효 중간에 총 2회의 폴딩을 하고 있어요. 그런데 2회 이상 그러니까 3회나 4회처럼 폴딩하는 횟수를 더 늘리면, 빵의 볼륨이 더 좋아지고 글루텐이 더 많이 형성되는 등 좋은 효과가 나는지 궁금해하는 사람들이 많았어요. 그래서 테스트를 해봤습니다.

결과적으로 식빵 도우로 테스트했을 때 유의미한 차이는 없었어요. 일반적인 경우에는 폴딩 2회로도 글루텐이 충분히 형성되기 때문에 이대로 해도 괜찮습니다(단, 포카치아처럼 수분이 많은 진 도우는, 1차 발효 중 3회 폴딩했을 때가 2회 폴딩했을 때보다 기공과 볼륨이 더 잘나왔어요).

Q. 꾸움 님의 유튜브 오리지널 레시피를 보면, 인스턴트 드라이이스트를 가루에 넣거나 액체류에 넣거나 레시피마다 다르잖아요. 어떤 차이가 있을까요?

A. 결과적으로 차이는 없습니다. 그러나 레시피상 공정에 차이가 발생한 이유는, 제가 기존에 있던 안정된 방법을 가지고 무반죽 홈베이킹을 시작한 게 아니라 저 혼자 가설을 세우고 실험하듯 정착시킨 방법이기 때문이에요. 그러니 이렇게도 해보고 저렇게도 해보며 더 좋은 방법을 찾다 보니, 그 시행착오의 흔적으로 레시피의 구성이 초기와 조금 달라진 것도 있어요.

초창기 제 무반죽빵은, 치대는 공정을 생략하는 만큼 빵의 종류에 따라서는 이스트가 도우에 다 녹아들지 못해 둥둥 뜨는 일이 생기기도 했어요. 그래서 이를 개선하기 위해 재료 넣는 순서 등을 바꿔오면서 초기 레시피와 후기 레시피에 차이가 생기게 된 것입니다.

기본적으로 인스턴트 드라이이스트는 뜯어서 바로 가루 재료와 섞어서 쓸 수 있게 나온 굉장히 편리한 제품이에요. 반죽기를 쓰거나 손반죽을 할 예정이라면 치대는 과정 중에 이스트가 녹아들 수 있으니, 군이 물에 먼저 넣지 않고 재료 안에 직접 넣어도 상관없습니다.

Q. 빵마다 발효하는 시간 간격이 다르던데, 법칙 같은 게 있나요?

A. 특별한 법칙이 있다기보다는 다음의 두 가지 이유로 인해 차이가 생기게 되었어요. 첫째, 앞서 얘기한 밀가루 양 대비 이스트 양에 따른 발효 시간에 차이가 있습니다. 둘째, 무반죽빵 레시피를 좀 더 편리한 방법으로 개선해오면서 맛에 지대한 차이가 없는 선에서 편의성을 높이기 위해 발효 시간과 휴지 시간을 줄였습니다. 그 결과 빵마다 발효하는 시간 간격에 차이가 생긴 거예요.

이것뿐만이 아니라 제 레시피를 보면서 '레시피마다 약간 달라진 점이 있네?', '지금 건 예

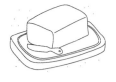

전 것과 좀 다르네?'라는 부분이 있을 거예요. 특별한 이유가 있기보다는 이 방법을 해오면서 새로운 걸 알게 되고 좋은 방향으로 개선해온 흔적이라고 생각해주세요.

Q. 발효는 원래 따뜻한 곳에서 해야 하는 거 아닌가요? 왜 꾸움 님은 1차 발효를 실온의 테이블 위에서 하나요?

A. 사람들이 많이 하는 오해 중 하나는 '발효는 따뜻한 곳에서 해야 한다'는 것입니다. 물론 예전에 저도 그렇게 오해한 적이 있어요. 왜냐하면 다들 그렇게 하고 있기는 한데, 그 이유가 잘 설명되어 있지는 않기 때문이에요.

그러나 발효를 꼭 따뜻한 곳에서만 해야 하는 건 아니에요. 실온에서도 잘되고 차가운 냉장고 안에서도 느리지만 발효는 서서히 진행됩니다. 그러니까 냉장고에서 오버나이트 하는 빵들이 가능한 거죠. 단지 따뜻한 곳은 발효가 빨리 됩니다. 김치를 따뜻한 곳에 두면 빨리 익는 것처럼요. 그러니 발

효기가 없더라도 그냥 식탁 위에 두기만 해도 발효는 알아서 됩니다.

앞서 얘기했듯이 빨리 발효한 빵에 비해 천천히 발효한 빵이 풍미도 더 좋아요. 저는 따뜻한 환경을 일부러 조성하는 일이 번거롭게 느껴져서 방치하듯 발효하는 레시피를 만들었어요.

최근에는 빵의 모양이나 특성에 따라 최종 발효를 오븐 발효로 할 수 있도록 제시하고 있지만, 기본적으로 실온에 방치해도 시간이 더 걸릴 뿐 발효는 자연스럽게 진행되므로 꼭 따뜻한 곳에서 발효해야 하는 건 아니에요.

따라서 실온 발효하도록 구성된 제 레시피를, '이걸로 발효가 잘될까?'라는 생각에 굳이 따뜻한 곳에서 발효시키면 과발효가 됩니다. 이런 경우가 생각보다 굉장히 많아요. 가장 중요한 건 레시피에 적힌 대로 하는 거예요. 어떤 레시피에 따뜻한 곳에서 발효한다고 적혀 있으면 따뜻한 환경에서 발효하고, 저처럼 실온에 방치하듯 진행한다면, 테이블 위에서 방치하듯 발효하면 됩니다. 그게 가장 정확해요.

Q. 천천히 버전과 빠른 버전의 장단점을 알려주세요.

A. 집에서 보내는 시간이 넉넉한 사람, 그래서 조금이라도 더 맛있는 빵을 만들고 싶은 사람, 이스트 냄새에 좀 예민한 사람에게는 천천히 버전을 추천해요. 반면에 간편하고 좀 더 가볍게 빵 만들기를 즐기고 싶은 사람, 풍미 차이에 그렇게 예민하지 않은 사람, 보통 빵을 만들면 거의 당일에 다 먹는 사람, 평일 저녁에 2시간 정도로 베이킹을 끝내고 싶은 사람에게는 빠른 버전을 추천하고 싶어요. 풍미에 한 끗 차가 생기는 건 분명하지만, 빠른 버전이 절대 맛이 없는 건 아니거든요. 빠른 버전으로 해도 맛있

습니다(그래서 이 책에서는 빠른 버전으로 해도 완성도가 높은 빵들에 한해선 애초에 빠른 버전을 메인으로 소개하고 있어요).

저도 발효를 천천히 해야 맛있고 좋은 빵이 된다는 생각 때문에 늘 이스트를 적게 쓰는 방법을 고집했어요. 그러나 맛있는 빵을 빨리 만들 수 있다는 건 정말 큰 장점이라서 빠른 버전으로 만들어도 충분히 맛있는 빵이거나 빵을 빨리 구워내야 할 때에는 빠른 버전을 애용해요. 물론 식빵, 모닝빵처럼 천천히 버전으로 해야 확실히 맛있는 빵들은 웬만하면 시간을 들여 천천히 버전으로 만들고 있답니다.

06

조금 더 궁금해요! Q&A

평소 댓글로 많이 받았던 질문들, 각 레시피에서 다 설명하지 못했던
빵 만들기의 전반적인 이야기를 추가 Q&A로 구성했어요.
여러분의 행복한 빵 만들기에 조금 더 도움이 되었으면 좋겠습니다.

재료

Q. 왜 빵을 만들 땐 강력분을 주로 쓰나요?

A. 발효 과정에서 생기는 가스를 잘 가둬두려면(즉, 더 크고 폭신하게 부풀리려면) 탄력 있는 글루텐 막이 필요한데, 강력분에는 그 글루텐의 바탕이 되는 밀 단백질이 가장 많아요. 그래서 대부분 제빵을 할 때 강력분을 사용하는 것입니다. 물론 중력분으로도 빵을 만들 수 있고, 오히려 중력분으로 만들었을 때 더 맛있는 빵들(소보로빵, 소시지빵, 부시맨브레드 등)도 있어요. 하지만, 식빵이나 깜빠뉴처럼 볼륨이 중요하거나, 치아바타나 포카치아처럼 기공이 중요한 빵들은 강력분을 사용할 때 완성도가 높아진답니다.

Q. 소금을 빼고 빵을 만들 수는 없나요?

A. 가끔 소금을 빼고 만들어도 괜찮은지에 대한 질문을 받기도 하는데요. 소금을 넣지 않으면 첫째, 빵의 맛이 떨어집니다. 둘째, 도우의 탄성이 떨어지고, 발효가 빨라지며, 소금을 넣었을 때보다 겉면이 끈적해집니다(소금이 글루텐을 수축시켜 도우에 적당한 탄성을 부여하거든요).

이 중 직접 테스트해봤을 때 느낀 가장 치명적인 차이점은, 소금을 넣지 않으면 빵의 맛이 현저히 떨어진다는 것이었어요. 간이 덜된 것을 떠나서 그냥 맛 자체가 없는 것처럼 느껴졌어요. 도우에 들어가는 소금의 양이 적은데, 그렇게 큰 역할을 할까 싶을 수도 있어요. 하지만 실제로 만들어서 먹어보면, 소금이 들어간 빵과 안 들어간 빵은 거의 다른 빵이라고 할 수 있을 정도로 맛에 큰 차이가 납니다(참고로 케이크나 쿠키 같은 제과류의 경우에는, 소금의 여부가 맛에 치명적인 차이를 주지 않아요. 하지만 발효빵의 경우는 조금 다르다는 점을 기억해주세요).

Q. 집에 가염버터가 많아서 무염버터 대신 쓰고 싶은데, 대체해도 될까요?

A. 이 책의 레시피는 기본적으로 무염버터를 사용하는 것을 기준으로 만들어졌지만, 가염버터를 사용하지 못하는 건 절대 아닙니다. 가염버터에는 소금이 매우 소량 들어 있기 때문에, 집에서 만드는 양 정도에선 가염버터 안의 소금이 조금 추가된다고 해서 제빵의 실패를 좌우하지 않아요. 물론 가염버터를 사용해 레시피대로 만들면, 완성된 빵에서 살짝 간이 더 된 맛이 나긴 합니다. 하지만 맛이 없다거나 거슬리는 정도가 아니라, '간'에 있어서의 미미한 차이니 너무 걱정하지 말고 시도해보세요. 예를 들어, 소보로빵을 가염버터로 만들면 간이 살짝 더

되어서 또 다른 매력이 있답니다. 아래는 무염버터를 가염버터로 대체해서 사용하는 방법이에요. 빵 도우에 들어가는 것을 대체하는 경우와 비스킷 등에 들어가는 것을 대체하는 경우가 조금은 다르니 꼭 확인해보세요.

【무염버터를 가염버터로 대체하는 방법】

＊빵 도우에 들어가는 무염버터는 동일한 양의 가염버터로 대체한 뒤, 소금을 원래의 레시피와 동일하게 넣어도 상관없어요.

＊모카빵 비스킷, 모카번 토핑처럼 비스킷류에 들어가는 무염버터를 가염버터로 대체할 경우에는 원래의 레시피에 들어가는 소금은 생략해요.

Q. 도우 믹싱 때 들어가는 녹인 버터를 식용유로 대체해도 되나요?

A. 네, 그렇게 해도 됩니다. 대신 작은 변화가 있는데요. 버터에는 특유의 고소한 풍미가 있고, 식용유는 풍미가 없는 만큼 빵을 만들었을 때 그 성질이 반영됩니다. 버터를 넣은 빵이 좀 더 향이 좋겠죠. 반대로 오히려 깔끔한 맛을 추구한다거나 버터 대신 특별히 사용하고 싶은 식물성 오일(식용유)이 있다면 얼마든지 그렇게 해도 됩니다.

Q. 달걀은 보통 실온의 것을 추천하셨는데, 특별한 이유가 있나요? 혹시 차가운 것을 쓰면 안 되나요?

A. 액체류가 이스트와 만나기 직전의 온도를 만졌을 때 기분 좋게 따뜻한 온탕 같은 온도(37~38℃ 전후)로 일관성 있게 안내할 수 있도록 실온의 달걀을 쓰는 것으로 통일한 것입니다. 실온의 달걀을 사용하는 목적이 '액체류의 온도를 따뜻하게 맞추는 것'에 있으므로, 이 온도

만 맞출 수 있다면 차가운 달걀을 써도 상관은 없어요. 다만 냉장고에서 막 꺼낸 차가운 달걀을 쓸 때는, 달걀과 만나게 되는 물이나 우유가 레시피에 제시된 것보다 더 높은 온도(즉, 전자레인지에 더 오래 데워야 해요)여야 해요. 그래야 달걀을 섞고 난 뒤 적절한 온도가 됩니다. 즉, 달걀까지 다 들어간 액체류의 최종 온도가 '만졌을 때 기분 좋게 따뜻한 온탕 같은 온도'가 된다면 차가운 달걀을 쓰든, 실온의 달걀을 쓰든 상관이 없습니다. 그러나 달달한 토핑류(모카빵 비스킷, 모카번 토핑, 소보로 등)에 들어가는 달걀은 꼭 '찬기 없는 실온의 것'을 사용해야 합니다. 차가운 달걀을 쓰면 버터와 잘 섞이지 않기 때문이에요. 그러니 이때는 달걀을 꼭 실온에 미리 꺼내놓았다 사용하세요. (TIP: 급하면 찬기가 빨리 빠질 수 있도록 달걀을 따뜻한 물에 담가두었다 사용하세요.)

Q. 박력분은 덧가루로 쓰면 안 되나요?

A. 박력분은 단백질 함량이 가장 낮은 밀가루로, 만져보면 알 수 있듯이 강력분이나 중력분에 비해 가장 잘 뭉치는 성질이 있습니다. 이런 성질 때문에 덧가루로는 그다지 적합하진 않아요. 반대로 강력분은 가장 뭉치지 않는 편이기 때문에 덧가루로 쓰기에 적합합니다. 박력분을 덧가루로 쓴다고 해서 빵을 망치지는 않겠지만, 그래도 이왕이면 덧가루로 가장 적합한 강력분을 사용하거나 차라리 중력분을 쓰는 게 좋겠죠?

Q. 오븐이 작아서, 또는 조금만 굽고 싶어서 레시피보다 양을 줄이고 싶은데 어떻게 해야 할까요? 반대로, 양을 늘려서 많이 굽고 싶을 때는 어떻게 해야 할까요?

A. 어렵지 않아요. 양을 줄여서 구울 경우에는 레시피의 모든 재료를 반으로 줄여(반 배합) 넣으면 됩니다. 이렇게 해도 모든 공정의 순서와 시간은 동일해요. 단지 구울 때만 조금 더 신경써주면 되는데요. 한 판에 구워지는 양이 적어 열의 순환이 더 잘 일어나는 만큼 레시피에 제시된 시간보다 빵의 색이 더 빨리 날 거예요. 그러니 빵의 색을 잘 확인하면서 원래 시간보다 짧게 구워내면 됩니다.

반대로 양을 늘려서 굽는 경우에도 동일해요. 모든 재료를 동일한 배수로 늘려서 넣되, 모든 공정의 순서와 시간은 동일하게 진행합니다. 한 판에 구워지는 양이 많으면(또는 빵 자체의 크기가 커지면) 그만큼 굽는 데 걸리는 시간도 늘어나기 때문에 빵의 색을 확인하며 시간을 늘려서 굽습니다.

믹 싱

Q. 도우가 너무 질거나 또는 되게 완성됐을 때 응급처치 방법을 알려주세요.

A. 도우가 너무 질 경우에는 밀가루를 1큰술 정도 흩뿌린 뒤 조물조물 흡수시켜 되기를 맞춰보세요. 필요하다면 밀가루를 더 넣어도 됩니다. 그러나 정말 다루기 힘들 정도로 과하게 진 것이 아니라면, 살짝 진 도우가 구웠을 때 더 촉촉하게 완성되니(수분율이 높으니까요) 조금 질게 완성됐다고 너무 실망하지 마세요. 처음에는 질어 보이더라도 시간이 지나고 폴딩을 하면서 도우에 탄력이 생겨나게 됩니다.

반대로, 도우가 너무 될 경우에는 물을 1~2술씩 추가해 흡수시켜서 되기를 맞춰보세요. 물 1~2술에 금방 질어지기도 하니, 처음부터 너무 많이 넣지 않고 조금씩 넣으며 되기를 맞춰가는 게 포인트입니다.

발 효

Q. 발효할 때 덮어주는 젖은 면보는 늘 따뜻함을 유지해야 하나요?

A. 아니요. 그렇게 과하게 신경 쓰지 않아도 괜찮습니다. 저도 환경보호 차원에서 랩 대신 면보를 쓰기 시작한 초기에는 면보가 차가워지면 발효 속도에 영향을 미칠까 봐 신경이 쓰였어요. 하지만 아무리 따뜻한 물에 적신 면보라도 시간이 지나면 차가워지기 마련이에요. 결과적으로 면보가 식어서 조금 차가워지더라도 빵을 완성하는 데는 랩을 사용했을 때와 큰 차이가 없었습니다. 물론 처음부터 엄청 차가운 물로 면보를 적실 필요도 없겠지만, 빵을 만드는 내내 면보를 따뜻하게 유지할 필요 또한 없어요. 따뜻한 물이나 많이 차갑지 않은 물로 적셔주는 것만으로 충분합니다.

물론 실내가 유독 추운 환경이라면, 면보가 도우와 직접 맞닿는 실온에서의 최종 발효 때는 지나치게 차가운 면보가 발효를 더디게 하는 원인이 될 수도 있습니다. 그럴 때는 젖은 면보보다 랩을 사용하는 게 좀 더 안정적이에요. 하지만 경험상 일반적인 경우(실온 18~28℃)라면 면보의 온도에 그렇게까지 신경을 쓰지 않아도 무방합니다.

Q. 면보 대신 랩을 써도 되나요?

A. 저는 일회용품 사용을 줄이기 위해 언젠가부터 랩 대신 면보를 사용하고 있는데요. 젖은 면보로 도우를 덮는 목적은 '도우가 건조해지는 것을 방지하기 위해서'이므로, 그렇게 할 수만 있다면 랩이든 뚜껑이든 무엇을 사용해도 상관없습니다.

Q. '실온 발효'에서 실온이란 정확히 몇 ℃ 정도를 의미하나요?

A. 책에서 말하는 실온은 사람이 느끼기에 너무 춥지도 덥지도 않은 방 안의 온도를 의미합니다. 과하게 덥거나(가만히 있어도 땀이 날 정도로 더운) 과하게 춥거나(가만히 있어도 코끝이 시린) 하지 않은 정도(약 18~28℃) 사이라면 모두 다 이 책에서 말하는 실온이라 할 수 있어요. 요즘에는 냉방과 난방 시설이 잘 갖춰졌기 때문에, 여름이라도 에어컨이 있어서 심하게 덥지 않고 겨울이라도 심하게 추운 환경은 아닐 거예요. 그러니 조금 덥거나 조금 서늘한 집 안 온도 정도라면 발효에 큰 걱정을 하지 않아도 됩니다. 그러나 최종 발효할 때는 조금 더 신경을 써주면 좋은데요. 아무래도 온도가 낮을수록 발효가 더뎌지기 때문에, 실내가 서늘하다고 느껴질 땐 최종 발효 시간을 평소보다 약간 길게 하는 것이 빵의 완성도를 높이는 데 도움이 됩니다.

Q. 가만히 있어도 땀이 날 정도로 덥거나, 가만히 있어도 코가 시릴 정도로 집 안이 춥다면 어떻게 해야 하나요?

A. 너무 덥다고 느낀다면, 도우에 넣는 액체류의 온도를 미지근하게 또는 살짝 차갑게 해서 사용해보세요. 또 너무 춥다고 느낀다면, 집 안에서 가장 따뜻한 곳, 예를 들어 밥솥 근처나 난방이 잘되는 방 안의 이불 속에 도우가 담긴 볼을 두는 것이 도움이 됩니다.

Q. 도대체 왜 제 도우는 발효가 잘 안 되는 걸까요?

A. 가장 흔한 이유는 다음과 같아요.

첫째, 이스트의 효력이 떨어졌을 수 있어요. 개봉했던 이스트를 실온에 보관했다면 그 효력이 떨어져 발효가 잘되지 않습니다. 굉장히 흔한 이유이니 올바른 이스트 보관법을 꼭 확인해보세요. (인스턴트 드라이이스트 보관법_ p.12)

둘째, 액체류가 너무 뜨거웠을 수 있어요. 이스트는 40℃가 넘는 뜨거운 물과 만나면 사멸합니다. 혹시 액체류가 너무 뜨겁진 않았는지 되짚어보세요.

Q. 꾸움 님은 발효할 때 유리볼을 사용하던데, 혹시 장점이 있을까요?

A. 유리 소재는 금속 소재에 비해 열전도율이 낮습니다. 즉, 주변 온도에 영향을 덜 받는다는 장점이 있어요. 그래서 주변이 너무 춥거나 너무 덥더라도 그 영향을 덜 받는 편입니다. 물론 꼭 유리볼을 사용해야 하는 것은 아니지만, 이러한 장점이 있다는 점을 알아두면 유용할 거예요.

굽 기

Q. 에어프라이어나 미니 오븐으로도 빵을 구울 수 있나요?

A. 네, 할 수 있습니다. 이미 에어프라이어(작동 원리는 사실상 작은 오븐이라 할 수 있어요)나 미니 오븐을 사용해 제 레시피로 빵 만들기에 성공했다는 후기가 많답니다. 물론 에어프라이어는 내부 공간이 작고, 기종에 따라 아랫불은 없고 윗불만 있는 등 다양한 종류의 완성도 높은 빵을 굽기에는 불리한 부분이 있어요. 하지만, 이미 많은 사람들이 에어프라이어로 멋진 홈메이드 빵을 굽고 있으니 여러분도 용기 내 도전해보면 좋겠습니다.

Q. 오븐을 예열하는 기준이 있을까요?

A. 책에서 오븐을 예열하는 타이밍과 그 시간을 안내하고 있지만, 사실상 그 원리는 모두 같습니다. 바로 '도우가 최종 발효되어 오븐에 들어갈 타이밍에, 오븐이 적절

한 온도로 예열되어 있을 것입니다. 한편, 오븐 기종에 따라 예열하는 데 걸리는 시간은 이 책에서 제시한 것보다 더 길 수도, 아니면 더 짧을 수도 있어요. 그러니 자신이 가지고 있는 오븐의 특성을 알고 그에 따라 적절히 예열한다면, 빵의 완성도가 올라가고 어쩌면 전기세도 아낄 수 있을 거예요.

Q. 베이킹팬 위에 테프론시트나 종이호일을 까는 이유가 있나요?

A. 베이킹팬 위에 테프론시트나 종이호일을 깔면, 구운 빵을 팬 위에서 분리하기가 편합니다. 물론, 팬의 소재에 따라서는 테프론시트를 깔지 않아도 팬에 자국을 남기지 않고 빵이 깔끔하게 떨어지기도 해요. 하지만 내 팬의 정확한 소재를 모른다면, 테프론시트나 종이호일을 까는 게 좋아요. 아무것도 깔지 않고 구웠다간, 빵을 떼어내기도 어렵고 기껏 새로 산 깨끗한 팬에 동그랗게 구운 자국이 날 수도 있답니다.

Q. 꾸움 님의 빵보다 색이 너무 진하게 구워져요. 또는 색이 너무 연하게 구워지고 속까지 잘 안 익어요.

A. 빵의 색이 진하게 구워진다면 안내한 온도보다 온도를 5~10℃ 정도 낮춰 구워보세요. 반면에 연하게 구워진다면 안내한 온도보다 온도를 5~10℃ 정도 높여 구워보세요. 오븐마다 환경이 조금씩 다르고, 오븐의 설정 온도와 실제 오븐 속 온도는 다를 수 있어요. 따라서 내 오븐의 어느 설정 온도에서 구웠을 때 레시피 속 결과물과 비슷하게 구워지는지를 알면, 다음번엔 좀 더 완성도 높은 빵을 구울 수 있답니다. 만약 내 오븐의 설정 온도와 실제 온도가 너무 큰 차이가 나는 것 같다면, 오븐용 온도계를 구입해 실제 온도를 측정해보는 것을 추천합니다.

Q. 오븐이 작아서 소보로빵 7개가 한 판에 다 안 들어가요. 이렇게 한꺼번에 다 굽지 못할 땐 어떻게 해야 하나요?

A. 핵심은 첫 번째 판을 굽고 오븐이 비게 되는 타이밍에, 두 번째 판의 도우가 적절한 상태로 최종 발효되어 오븐에 들어갈 수 있게 하는 거예요. 예를 들어, 소보로빵은 실온에서 13~15분 정도 최종 발효를 하고, 오븐에서 14~18분 정도 굽습니다. 이 경우에 성형이 끝난 뒤 첫 번째 판은 원래대로 진행하되, 두 번째 판은 도우가 건조해지지 않게 젖은 면보나 랩을 씌워서 7분 정도 냉장고에 넣어 발효를 억제합니다(온도가 낮은 곳에서는 발효가 더뎌요) 그리고 7분 뒤 다시 실온으로 꺼내 20분 정도 최종 발효를 해서 첫 번째 판이 구워져 나올 즈음에 두 번째 판의 최종 발효가 완료될 수 있도록 해요. 원래대로라면 13~15분 정도 최종 발효하지만, 두 번째 판의 도우는 냉장고에서 차가워졌기 때문에 약간 길게 발효합니다. 조금 머리를 써야 하지만, 이 원리를 생각해서 시간을 계산하면 어떤 빵이라도 두 번에 나눠 구울 수 있어요.

Q. 빵을 더 잘 구울 수 있는 추가 팁이 있을까요?

A. 오븐의 온도는 문 쪽(바깥쪽)일수록 낮고, 안쪽일수록 높습니다. 그래서 열이 균일하게 통할 수 있도록 굽는 중간에 팬을 앞뒤로 돌리면, 빵이 고르게 익어요. 예를 들어, 총 15분을 굽는 빵의 경우에 12분을 굽고 팬을 앞뒤로 돌린 뒤 추가로 3분을 더 구우면, 이 과정 없이 쭉 15분을 구웠을 때보다 색이 더 고르게 납니다.

이때 주의해야 할 점은 빵이 어느 정도 익은 시점, 그러니까 목표 시간의 3/4 정도를 구운 즈음에 팬을 돌려야 한다는 것이에요. 도우를 오븐에 넣은 지 얼마 안 된 시점에 오븐 문을 열어버리면, 도우가 제대로 부풀기도 전에 찬 공기와 만나게 되면서 빵이 주저앉을 수 있기 때문입니다.

보관법

Q. 빵을 어떻게 보관해야 맛있게 먹을 수 있나요?

A. 구운 빵은 지퍼 백과 같은 밀폐 용기에 담아 **2~3일 내에 소진할 수 있는 양은 실온에 보관**해서 먹고, **그 안에 소진하지 못하는 빵은 냉동실에 보관**하는 것을 추천합니다. 특히 습도가 높은 여름철에는 평소보다 곰팡이가 피기 쉬우니, 1~2일 내에 소진할 수 있는 양만 남기고, 나머지는 냉동실에 보관하는 게 좋아요.

Q. 왜 빵을 냉장실에 보관하는 것은 추천하지 않나요?

A. 냉장고의 온도인 1~4℃에서 빵 안의 전분이 가장 빨리 노화되기 때문이에요. 따라서 생크림번처럼 상하기 쉬운 속 재료가 들어간 빵이 아니라면, 2~3일 내에 소진할 수 있는 빵은 실온에 보관하고, 그 이내에 소진하지 못하는 빵은 냉동실에 보관하는 것이 가장 좋습니다. 빵이 상할까 봐 사오자마자 냉장고에 보관하는 경우도 많은데, 이렇게 되면 빵은 점점 노화되어 맛이 없어져요. 그러니 2~3일 안에 먹을 수 있는 분량이라면 굳이 냉장고에 보관하지 않는 게 빵을 더 맛있게 먹을 수 있는 방법이에요.

Q. 빵을 냉동실에 보관하는 장점은 무엇인가요?

A. 빵의 수분이 빠져나갈수록 빵은 건조해지고 노화되

는데요. 냉동고의 온도인 0℃ 이하의 환경에서는 빵 안의 수분도 함께 얼어버리기 때문에 빵 속의 '수분'을 붙잡아둘 수 있는 상태가 되어 오히려 노화가 덜 진행됩니다. 즉, 냉동고의 온도로 신선한 빵 상태를 '고정'시킬 수 있는 것이죠. 그러니 빠른 시일 안에 먹을 수 없는 빵이라면, 차라리 빵이 신선할 때 빨리 냉동하는 것이 빵 맛을 유지할 수 있는 비결이에요.

Q. 냉동 보관한 빵은 어떻게 해야 맛있게 먹을 수 있나요?

A. 냉동했던 빵을 실온으로 꺼내 자연 해동합니다. 저는 보통 아침에 먹을 빵을 저녁에 꺼내두고 자는 편이에요. 자연 해동이 되면 빵 위에 분무기로 물을 뿌려서 수분을 주고, 180℃로 예열된 오븐에 약 5분 정도 데웁니다. 이렇게 하면 금방 구운 것 같은 맛있는 빵을 맛볼 수 있어요. 하나 더 팁으로 식빵이나 베이글처럼 토스터에 바로 넣을 수 있도록 이미 얇게 썰어서 냉동했던 빵이라면, 아침 해동 과정 없이 바로 토스터에 구워 먹어보세요. 물론 실온에서 자연 해동했다가 굽는 편이 좀 더 맛있긴 하답니다. **실온에 보관했던 빵도 같은 방법으로 데우면 더 맛있게 즐길 수 있어요.**

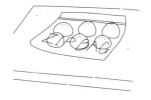

우유 모닝빵

부드러우면서도 묵직하고 향과 맛이 조화로운, 뜯어 먹는 스타일의 모닝빵. 2019년, 유튜브를 통해 처음 공개한 이 우유 모닝빵은 '반죽을 치대지 않고도 결이 살아 있는 빵을 만들 수 있다'는 인식의 출발점이 된 레시피예요. 천천히 발효하며 나온 깊은 풍미로 빵 본연의 맛이 훌륭하고, 버터나 딸기잼을 곁들이면 더 맛있는 데일리 빵이랍니다.

재   료 [16개 분량] 정사각팬[20×20×5cm] 1개

우유 240g

꿀 30g

실온의 달걀 1개(50g)

인스턴트 드라이이스트 4g(1작은술)

설탕 15g

소금 6g(1과 1/4작은술)

녹인 버터 25g

* 버터를 전자레인지로 10~15초간 데운 뒤 녹여서
  준비해요.

중력분 200g

강력분 200g

* 중력분 없이 강력분만 400g 써도 됩니다. 대신
  더 쫄깃해져요.

[코팅용]

식용유 약간

우유 약간

[덧가루용] 강력분(또는 중력분) 약간

> **통밀 모닝빵**
>
> 아래와 같이 밀가루와 우유의 양
> 을 대체해 만듭니다. 그 외 공정
> 은 모두 같습니다.
>
> 우유 255g
>
> 강력분 200g
>
> 중력분 100g
>
> 통밀 100g
> (또는 강력분 300g, 통밀 100g)

오   븐

- 190℃로 예열된 오븐에서 18~20분 정도 굽습니다.
- 오븐과 환경에 따라 온도와 시간이 달라질 수 있으니, 제시된 온도와 시간을 바
  탕으로 '사진과 같은 색'이 나면 꺼내주세요.

믹싱과 1차 발효하기

1 내열 용기에 분량의 우유를 담아 전자레인지에 1분 20~30초 정도(만졌을 때 뜨거울 정도) 데웁니다.

2 볼 안에 데운 우유를 붓습니다. 이때 다 넣지 않고 10~15g(㎖) 정도를 한 쪽에 남겨놓으세요.

3 2에 꿀과 실온의 달걀 1개를 넣고 잘 풀어줍니다.

4 만졌을 때 기분 좋게 따뜻한 정도(37~38℃ 전후)인지 확인합니다.

　＊너무 뜨거우면 저어서 식혀요. 액체의 온도로 도우의 온도를 조절해요.

5 인스턴트 드라이이스트를 표면에 흩뿌리고 살짝 흔듭니다.

6 설탕과 소금 → 녹인 버터 → 밀가루의 순서대로 넣습니다. 주걱을 짧게 쥐고 맷돌을 돌리듯이 현재의 수분량으로 최대한 섞습니다.

7 도우가 단단하고 재료가 잘 섞이지 않는다면, 남겨놓은 우유를 조금씩 추가해 적절한 되기(사진 8) 상태가 되도록 골고루 섞습니다.

  ＊남겨놓은 우유를 더 넣지 않고도 되기가 맞다면, 안 넣어도 괜찮아요. 반대로 남겨놓은 우유를 다 넣고도 되다면, 추가로 물을 1~2술씩 더 넣으세요. 상황에 맞게 '되기'(수분량)를 맞추는 게 포인트예요.

8 밀가루를 묻힌 손으로 만져봤을 때 쫀득하면서 살짝 늘어나는 정도면 완성입니다.

9 약간의 식용유로 도우 표면을 코팅합니다.

  ＊이렇게 해놓으면 나중에 다루기 쉬워요.

10 도우를 젖은 면보로 덮은 뒤 실온의 테이블 위에서 30분간 발효합니다.

11 30분 뒤 사방으로 접기(폴딩 p.18)를 하고, 젖은 면보를 덮어 다시 40분간 발효합니다.

12   40분 뒤 한 번 더 폴딩하고, 젖은 면보를 덮어 마지막으로 30분 더 발효합니다.

     *【정리】 ①30분 발효 - ①폴딩 - ②40분 발효 - ②폴딩 - ③30분 발효

팬 준비하기

13   사용하는 팬에 맞게 종이호일을 잘라 깔아둡니다.

     *13-1 사진처럼 절취선을 자른 뒤, 팬에 끼워넣어요.

분할과 성형하기

14   30분 뒤 1차 발효가 끝난 도우는 손가락 두 번째 마디까지 깊게 찔러도 되돌아오지 않으며, 안에 가스가 차서 폭신한 느낌이 듭니다.

     *이때, 도우에 탄성이 느껴진다면 폭신한 느낌이 들 때까지 시간을 추가해 더 발효해요.

15   작업대에 덧가루를 뿌린 뒤 도우를 놓고 가스를 살짝 뺍니다.

16 도우를 16개(개당 약 47~48g)로 분할해 둥글리기(p.19~20) 한 뒤, 젖은 면보를 덮어 10분간 휴지시킵니다.

   *【휴지(벤치 타임)】성형하기 쉽도록 도우가 느슨해지기를 기다리는 시간이에요. 휴지시킨 뒤 만져봤을 때 도우의 힘이 풀려 유연한 상태라면 성형을 시작해요.

17 10분 뒤 한 번 더 둥글리기 해서 매끈하고 동그란 모양을 만듭니다.

18 팬 안에 가지런히 담은 뒤 물을 2회 분무합니다.

최종 발효와 굽기

19 오븐으로 따뜻한 환경을 조성한 뒤 팬을 넣고 25~30분 정도 최종 발효합니다.

   *【오븐으로 따뜻한 발효 환경 만들기】따뜻한 물을 오븐 안에 넣고 문을 닫은 뒤 180℃로 오븐 온도를 설정해 30~50초간 공회전한 다음 오븐을 끄세요. 이때 오븐 안의 목표 온도는 약 38℃ 전후이며, 손으로 오븐 안 공기를 느껴봤을 때 '한여름 공기처럼 덥다'라는 느낌이 들면 돼요. 너무 뜨거우면 기다리고, 너무 미적지근하면 시간을 추가해 데워주세요. 오븐마다 이렇게 데워지는 데 걸리는 시간은 다를 수 있어요.

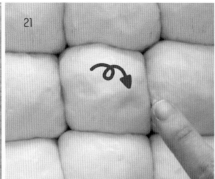

20 25~30분 뒤 도우를 꺼내고, 오븐을 190℃로 10~15분 정도 예열합니다. 그 사이 도우에 젖은 면보를 덮어 실온에 둡니다.

    * 도우가 꽤 부풀어 표면이 늘어난 모습을 볼 수 있어요.

21 오븐 예열이 끝나면, 도우가 알맞게 발효됐는지 확인합니다.

    * 적절하게 발효된 도우는 물 묻은 손으로 표면을 눌렀을 때 살짝 자국이 남아요. 자국이 남을 만큼 부풀지 않았다면 더 기다려요.

22 표면에 우유를 코팅하듯 바른 뒤 190℃로 예열된 오븐에서 18~20분 정도 굽습니다.

23 구운 빵은 팬째 떨어뜨려 수증기를 내보내고, 식힘망으로 옮겨 종이호 일을 제거한 뒤 식힙니다.

◆TIP : 빨리 만들고 싶다면 이스트의 양을 늘려 빨리 발효하는 '빠른 버전'으로 만들어보세요.

- 이스트를 7g(2작은술)으로 늘려서 사용합니다.
- 1차 발효 시, 15분/ 15분/ 15분 간격으로 폴딩합니다.
- 최종 발효 시, 오븐에서 발효하는 시간 기준을 20~25분으로 잡습니다.

·도와주세요·
Q&A

Q : 오븐에서 갓 구운 빵을 꺼냈는데, 겉이 딱딱해요.

A : 자연스러운 현상이에요. 식으면서 부드러워지니 걱정하지 않아도 됩니다.

Q : 강력분이나 중력분만으로 모닝빵을 만들어도 될까요?

A : 네, 그렇게 해도 되지만, 질감에 영향을 미쳐요. 강력분만으로 만들면 좀 더 볼륨이 크고 쫄깃한 빵이 되고, 중력분만으로 만들면 좀 더 볼륨이 작고 묵직한 빵이 됩니다.

Q : 뜯어 먹는 모닝빵이 아닌, 야채 모닝빵처럼 한 덩어리씩 나눠 굽는 스타일로 만들려면 어떻게 해야 하나요?

A : 모든 공정을 똑같이 하되, 구울 때만 180°C로 예열된 오븐에서 약 11~14분간 구우면 됩니다. 사각팬을 사용하지 않아 열이 더 잘 통하게 되므로, 조금 낮은 온도에서 더 짧게 굽는 거예요.

Q : 통밀 모닝빵을 만들 때, 통밀의 비율을 늘려도 되나요?

A : 물론이에요. 하지만 통밀 비율이 늘어날수록 볼륨이 작고 더 묵직한 식감이 됩니다. 또 통밀의 특성상 수분을 더 많이 필요로 하므로, 물을 1~2술씩 추가해 적절한 되기를 맞춰주세요.

우유 식빵

치대지 않고 만드는 무반죽의 베이킹의 결정체. 치밀하고 부드러운 결과 고소한 풍미가
매력적인 식빵이에요. 은은한 단맛과 적은 버터 함량으로, 쌀밥같이 담백한 맛을 즐길 수
있답니다. 빵 자체만으로도 맛있고, 샌드위치나 다른 요리의 재료로도 잘 어울리는 만능
빵입니다.

재   료 (1개 분량) 기본 식빵팬(윗면 22×10cm | 아랫면 19×8cm | 높이 9.5cm) 1개

우유 105g

물 110g

인스턴트 드라이이스트 3g(3/4작은술)

설탕 30g

소금 5g(1작은술)

녹인 버터 20g

＊버터를 전자레인지로 10~15초간 데운 뒤 녹여서
  준비해요.

강력분 300g

[코팅용]

식용유 약간

우유 약간

[덧가루용] 강력분(또는 중력분) 약간

> **통밀 식빵**
>
> 아래와 같이 밀가루와 액체류의 양을 대체해 만듭니다. 그 외 공정은 모두 같습니다.
>
> 우유 105g
>
> 물 120g
>
> 강력분 220g
>
> 통밀 80g

오   븐

• 190℃로 예열된 오븐에서 약 25분간 굽습니다.

• 제시된 온도와 시간으로 구웠을 때 색이 너무 진하게 나거나 식었을 때 껍질이
  과하게 질기다면, 굽는 시간을 줄이거나 온도를 낮춰 구우세요.

1 내열 용기에 분량의 우유와 물을 담은 뒤 전자레인지로 40~45초간, 만졌을 때 기분 좋게 따뜻한 정도(37~38℃ 전후)로 데웁니다.

   *너무 뜨거우면 저어서 식혀요. 액체의 온도로 도우의 온도를 조절해요.

2 볼 안에 데운 우유와 물을 붓습니다. 이때 다 넣지 않고 10~15g(㎖) 정도를 한쪽에 남겨놓으세요.

3 인스턴트 드라이이스트를 넣고 살짝 흔듭니다.

4 설탕과 소금 → 녹인 버터 → 밀가루의 순서대로 넣습니다. 주걱을 짧게 쥐고, 맷돌을 돌리듯이 한 방향으로 최대한 섞습니다.

5 도우가 단단하고 재료가 잘 섞이지 않는다면, 남겨놓은 액체류를 조금씩 추가해 적절한 되기(사진 6) 상태가 되도록 골고루 섞습니다.

   *남겨놓은 액체류를 더 넣지 않고도 되기가 맞다면, 안 넣어도 괜찮아요. 반대로 남겨놓은 액체류를 다 넣고도 되다면, 추가로 물을 1~2술씩 더 넣으세요. 상황에 맞게 '되기'(수분량)를 맞추는 게 포인트예요.

6 밀가루를 묻힌 손으로 만져봤을 때 쫀득하면서 살짝 늘어나는 정도면 완성입니다.

7   약간의 식용유로 도우 표면을 코팅합니다.

    * 이렇게 해놓으면 나중에 다루기가 쉬워요.

8   도우를 젖은 면보로 덮은 뒤 실온의 테이블 위에서 30분간 발효합니다.

9   30분 뒤 사방으로 접기(폴딩 p.18)를 하고, 젖은 면보를 덮어 다시 40분간
    발효합니다.

10 40분 뒤 한 번 더 폴딩하고, 젖은 면보를 덮어 마지막으로 30분 더 발효합
    니다.

    *【정리】① 30분 발효 - ① 폴딩 - ② 40분 발효 - ② 폴딩 - ③ 30분 발효

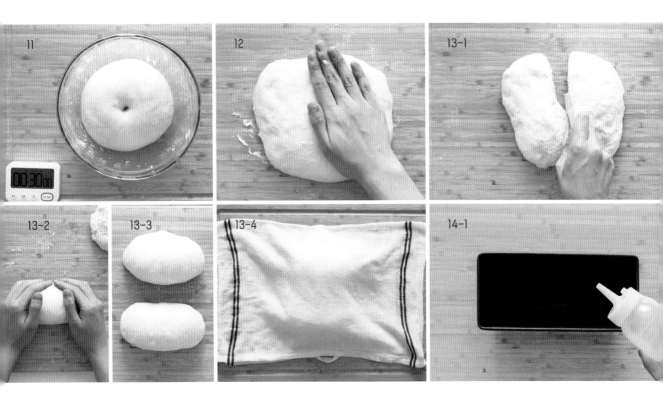

11 30분 뒤 1차 발효가 끝난 도우는 손가락 두 번째 마디까지 깊게 찔러도
    되돌아오지 않으며, 안에 가스가 차서 폭신한 느낌이 듭니다.

    *이때 도우에 탄성이 느껴진다면 폭신한 느낌이 들 때까지 시간을 추가해 더 발효해요.

12 작업대에 덧가루를 뿌린 뒤 도우를 놓고 가스를 살짝 뺍니다.

13 도우를 두 덩어리(개당 약 280g)로 분할해 타원형으로 둥글리기(p. 23) 한
    뒤, 젖은 면보를 덮어 10분간 휴지시킵니다.

    *【휴지(벤치 타임)】 성형하기 쉽도록 도우가 느슨해지기를 기다리는 시간이에요. 휴지시킨 뒤
    만져봤을 때 도우의 힘이 풀려 유연한 상태라면 성형을 시작해요.

14 기다리는 동안 식빵팬에 식용유를 몇 방울 떨어뜨린 뒤 키친타월로 문질
    러 코팅해놓습니다.

    *이렇게 하면 나중에 팬에서 분리하기 편해요.

15 10분 뒤 도우를 긴 타원형으로 납작하게 폅니다.

16 매끈한 면을 바닥에 놓고 위아래로 1/3씩 포개 접습니다.

17 위에서부터 7~8회 정도 돌돌 말아서 내려온 뒤(사진 17-1, 2) 이음매를 잘 꼬집어 연결합니다(사진 17-3).

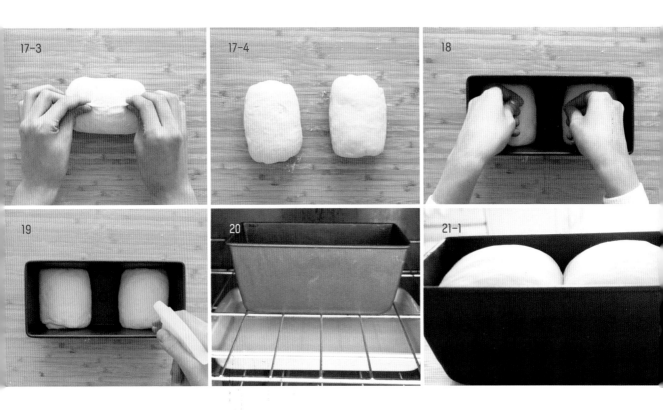

최종 발효와 굽기

18 준비한 팬 가장자리에 이음매가 아래를 향하도록 놓은 뒤 살짝 눌러줍니다.

    *이렇게 하면 식빵을 모서리까지 채워 구울 수 있어요.

19 도우 표면에 물을 2~3회 정도 뿌려 촉촉하게 해줍니다.

    *촉촉하면 발효가 잘돼요.

20 오븐으로 따뜻한 환경을 조성한 뒤 도우가 팬 높이만큼 가득 찰 정도로 최종 발효합니다. 시간은 환경에 따라 다르지만, 보통 약 40~50분 정도 걸립니다. 시간보다는 도우가 팬 높이까지 부푸는지를 확인해주세요.

    *【오븐으로 따뜻한 발효 환경 만들기】 따뜻한 물을 오븐 안에 넣고 문을 닫은 뒤 180℃로 오븐 온도를 설정해 30~50초간 공회전한 다음 오븐을 끄세요. 이때 오븐 안의 목표 온도는 약 38℃ 전후이며, 손으로 오븐 안 공기를 느껴봤을 때 '한여름 공기처럼 덥다'라는 느낌이 들면 돼요. 너무 뜨거우면 기다리고, 너무 미적지근하면 시간을 추가해 데워주세요. 오븐마다 이렇게 데워지는 데 걸리는 시간은 다를 수 있어요.

21 도우가 팬 높이까지 부풀면 팬을 오븐 안에서 꺼내고, 오븐을 190℃로 10~15분 정도 예열합니다. 그사이 도우는 젖은 면보를 덮어 실온에 둡니다.

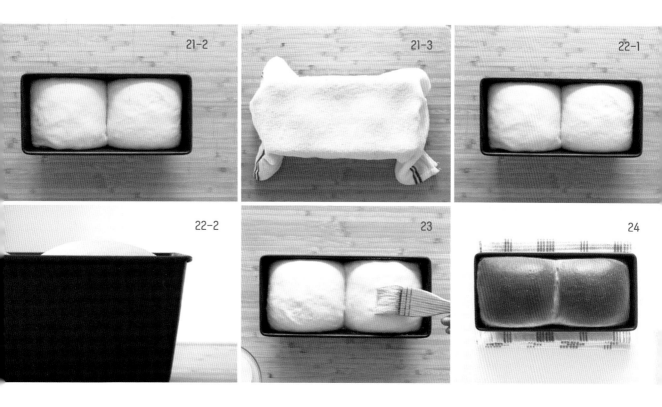

22 오븐이 예열되는 동안 도우가 팬 위 1cm 정도까지 더 부풀었는지 확인합니다.

 * 도우가 팬 위 1cm 높이로 살짝 고개를 내밀면 구울 타이밍이에요.

23 도우 표면에 우유를 코팅하듯 바른 뒤 190℃로 예열된 오븐에서 25분 정도 굽습니다.

24 구운 빵은 팬째 떨어뜨려 수증기를 내보내고, 바로 식힘망으로 옮겨 식힙니다.

 * 식빵의 경우, 떨어뜨리는 과정은 굉장히 중요한 공정이에요. 이 공정을 빼먹으면, 주저앉은 식빵을 만나게 될 거예요.

✦TIP : 빨리 만들고 싶다면, 이스트의 양을 늘려 빨리 발효하는 '빠른 버전'으로 만들어보세요. 아래를 참고해 이스트의 양과 발효 시간만 다르게 적용하고, 나머지 공정은 모두 동일하게 진행합니다.

• 이스트를 5g(1과 1/2작은술)으로 늘려서 사용합니다.

• 1차 발효 시, 15분/ 15분/ 15분 간격으로 폴딩합니다.

• 최종 발효 시, 도우가 팬 위로 머리를 1cm 내밀 때까지 부풀린 뒤 굽습니다.

·도와주세요·
Q & A

Ⓠ : 액체류를 전부 우유로만 사용해도 될까요?

Ⓐ : 저도 물과 우유를 섞기보다 우유만 100% 넣으면 더 고소하고 맛있는 식빵을 만들 수 있을 거라 생각했어요. 그래서 우유만 100% 넣는 배합으로 테스트를 해봤는데, 생각과는 반대로 오히려 식빵으로는 좀 묵직(텁텁)한 느낌의 빵이 되었습니다. 우유의 양을 90%, 75%, 60%로 점점 줄여서 테스트해본 결과, 우유 반, 물 반 정도로 액체류를 구성했을 때 제가 추구하는 가벼우면서도 너무 텁텁하지 않은 식빵을 만들 수 있었답니다.
이 레시피에 달걀을 넣지 않고, 버터를 적게 사용한 것도 이와 같은 맥락이에요. 식빵은 주로 밥의 대용이 되는 식품이기 때문에 맛이 깔끔하면서도 담백하고 무겁지 않아야 합니다. 이런 점을 고려해 매일 먹어도 질리지 않는 식빵 레시피를 만들었답니다.
그러나 우유만 100% 넣는다고 해서 빵이 안 되는 것은 아닙니다. 만약 어떤 맛인지 궁금하다면 물 대신 우유만을 사용해 만들어도 괜찮아요. 어쩌면 더 입맛에 맞을 수도 있어요. 이때 유의할 점은 우유에는 순수한 수분(물)만 들어 있는 것은 아니기 때문에 5~10g 정도 양을 늘려 사용해서 전체적인 '되기'를 맞추는 일입니다. 예를 들어, 물 110g과 우유 105g이 들어가는 레시피에서 액체류를 우유만으로 대체한다면, 우유 220~225g를 사용해 되기를 맞추면 됩니다.

Ⓠ : 우유 대신 두유나 아몬드유를 사용해도 될까요?

Ⓐ : 그럼요. 두유, 아몬드유, 오트밀유 등 좋아하는 것으로 대체해 만들어도 됩니다. 또 녹인 버터를 식물성 오일로 대체하면, 비건 식빵으로도 만들 수 있어요.

Ⓠ : 식빵이 위에만 자꾸 타요.

Ⓐ : 오븐 공간이 작아 식빵의 윗면이 오븐의 윗불과 가까이 위치한 채 구워지거나 윗불이 유독 센

오븐일 때 나타나는 현상이에요. 이럴 때는 식빵팬을 오븐에 넣은 지 15분이 지난 뒤, 식빵 위에 쿠킹호일을 씌워서 구워보세요. 쿠킹호일이 윗불을 막아 윗면이 타는 것을 어느 정도 개선해줍니다.

Q : 식빵의 질감이나 결이 뭔가 묵직해요.

A : 첫째, 최종 발효가 부족했을 수 있습니다. 최종 발효를 충분히 했는지, 기준보다 너무 작은 팬을 사용해 결과적으로 충분히 부풀지 못한 것(발효 부족)은 아닌지 확인해보세요. 둘째, 위와 같은 경우가 아니라면 아예 1차 발효 자체가 잘 안 됐을 수도 있습니다. 이 책에서 소개한 레시피는 1차 발효를 충분한 시간에 걸쳐서 진행하기 때문에 발효 시간 자체가 부족한 것은 아니고, 사용한 이스트에 원인이 있을 수 있습니다. 개봉했던 이스트를 실온에 보관했다가 쓰진 않았는지, 사용한 이스트가 인스턴트 드라이이스트(즉각적으로 반응하는 이스트)가 맞는지 확인해보세요 (올바른 이스트 보관법 p.12).

Q : 굽고 나니, 식빵이 굽기 전 보다 내려앉은 느낌이 들어요.

A : 과발효가 되었을 때 나타나는 현상이에요. 1차 발효할 때 너무 따뜻한 곳에서 발효하진 않았는지(1차 발효는 너무 덥지도, 너무 춥지도 않은 실온의 테이블에서 합니다), 레시피보다 너무 큰 팬을 사용해서 결과적으로 과도하게 부풀게 된 것은 아닌지 확인해봅니다.

*내가 가진 팬의 정확한 부피가 알고 싶다면, 뒤쪽의 부피 계산 공식을 참고하세요.

Q : 식빵에서 발효취(시큼한 냄새)가 많이 나고, 식빵 조직이 그물처럼 엉성해요.

A : 이것도 과발효가 된 거예요. 1차 발효할 때 너무 따뜻한 곳에서 발효하진 않았는지(1차 발효는 너무 덥지도, 너무 춥지도 않은 실온의 테이블에서 합니다), 레시피보다 너무 큰 팬을 사용해서 결과적으로 과도하게 부풀게 된 것은 아닌지 확인해봅니다.

*내가 가진 팬의 정확한 부피가 알고 싶다면, 뒤쪽의 부피 계산 공식을 참고하세요.

Q : 굽고 난 직후에는 괜찮았는데, 식히고 나니 식빵이 살짝 주저앉았어요.

A : 우선, 굽고 난 뒤 팬째 바닥에 떨어뜨려 수증기를 내보내는 작업을 했는지 떠올려보세요. 식빵은 부피가 크기 때문에 오븐에서 꺼낼 때 식빵 내부에 있는 수증기를 제대로 내보내지 않으면

식빵이 주저앉는 '케이브 현상'이 일어납니다. 위 작업을 했는데도 주저앉았다면, 식빵에 열이 충분히 안 통했을 가능성이 있으니 5~10분 정도 더 구워보세요. 만약 식빵의 전체 색이 매우 연한 편이라면, 오븐 내부 온도가 너무 약한 것일 수 있으니 온도를 5~10℃ 정도 높여 구워보세요.

＊ 식빵을 식힐 때 옆으로 눕혀 식히면 더 안정적으로 모양을 유지할 수 있어요.

Q : 레시피에서 사용한 식빵팬(또는 파운드팬)의 부피 계산하는 법을 알려주세요.

A : 저는 윗면이 가로 22cm, 세로 10cm, 아랫면이 가로 19cm, 세로 8cm, 높이가 9.5cm인 식빵팬을 사용했어요.
부피 계산 공식인, (윗면 가로+아랫면 가로)÷2×(윗면 세로+아랫면 세로)÷2×높이=부피에 대입하면 $(22 + 19) ÷ 2 × (10 + 8) ÷ 2 × 9.5 = 1752.75$입니다. 따라서 제가 사용한 팬의 부피는 약 1753cc입니다.
변의 길이와 높이가 대략 위와 비슷한 크기의 식빵팬을 사용해도 괜찮지만, 가지고 있는 팬의 부피와 제가 사용한 팬의 부피가 차이가 많이 나거나 더 정확하게 하고 싶을 땐 식빵팬의 부피를 계산해보세요.

＊ 레시피에서 소개한 것처럼, 최종 발효의 기준을 도우가 팬 위로 1cm 정도까지 올라오는 것으로 했을 때, (기준 팬보다) 너무 큰 팬을 사용하면 발효 과다가 될 수 있고, 너무 작은 팬을 사용하면 최종 발효가 부족해서 묵직한 식감의 빵이 될 수 있어요. 따라서 기준이 되는 팬보다 부피가 많이 큰 팬을 사용할 경우에는 더 낮게 부풀리고, 기준이 되는 팬보다 부피가 많이 작은 팬을 사용할 경우에는 더 높게 부풀려보세요. 폭신하고 완성도 높은 식빵을 구울 수 있어요.

Q : 통밀 식빵을 만들 때, 통밀의 비율을 늘려도 되나요?

A : 물론이에요. 하지만 통밀 비율이 늘어날수록 볼륨이 작고 더 묵직한 식감이 됩니다. 또 통밀의 특성상 수분을 더 많이 필요로 하므로, 물을 1~2술씩 추가해 적절한 되기를 맞춰주세요.

소보로빵

손가락으로 꾹꾹 눌러 소보로 부스러기를 먹어본 기억, 누구에게나 있을 거예요. 그럴 때면 언제나 소보로의 양이 참 소박하게 느껴집니다. 그래서 만들어봤습니다, 소보로를 푸짐하게 얹은 홈메이드 소보로빵. 중력분을 사용해 빵은 더 부드럽고, 땅콩버터를 넣어 소보로는 한결 고소하답니다.

재　　료 [7개 분량]

우유 50g

물 45g

실온의 달걀물 35g

인스턴트 드라이이스트 4g(1작은술)

설탕 35g

소금 4g(3/4작은술)

녹인 버터 30g

＊버터를 전자레인지로 10~15초간 데운 뒤 녹여서
　준비해요.

중력분(또는 강력분) 200g

＊강력분으로 만들면 좀 더 쫄깃한 식감이 나요.

[소보로]

실온의 버터(p.13) 75g

＊가염버터도 사용 가능하지만, 이땐 소금을 생략
　하세요.

땅콩버터 25g

＊버터로 대체 가능해요.

설탕 80g

소금 1g(1/4작은술)

실온의 달걀물 15g

꿀(또는 물엿) 15g

＊올리고당, 메이플시럽도 사용 가능해요.

중력분 150g

베이킹파우더 5g(1과 1/4작은술)

[코팅용] 식용유 약간

[덧가루용] 중력분(또는 강력분) 약간

오　　븐

• 180℃로 예열된 오븐에서 14~18분 정도 굽습니다.

• 오븐과 환경에 따라 온도와 시간이 달라질 수 있으니, 제시된 온도와 시간을
바탕으로 '사진과 같은 색'이 나면 꺼내주세요.

믹싱과 1차 발효하기

1 내열 용기에 분량의 우유와 물을 담아 전자레인지로 20~25초 정도, 만졌
을 때 살짝 뜨거울 정도로 데웁니다.

2 볼 안에 데운 우유와 물을 붓습니다. 이때 다 넣지 않고 10~15g(㎖) 정도
를 한쪽에 남겨놓으세요.

3 실온의 달걀 1개(약 50g)를 잘 풀어 이 중 35g을 2에 넣고 섞습니다.
  *남은 달걀 약 15g은 나중에 소보로를 만들 때 쓸 거예요.

4 만졌을 때 기분 좋게 따뜻한 정도(37~38℃ 전후)인지 확인합니다.
  *너무 뜨거우면 저어서 식혀요. 액체의 온도로 도우의 온도를 조절해요.

5 인스턴트 드라이이스트를 표면에 흩뿌리고 살짝 흔듭니다.

6 설탕과 소금 → 녹인 버터 → 밀가루의 순서대로 넣습니다. 주걱을 짧게
쥐고 맷돌을 돌리듯이 현재의 수분량으로 최대한 섞습니다.

7 도우가 단단하고 재료가 잘 섞이지 않는다면, 남겨놓은 액체류를 조금씩
   추가해 적절한 되기(사진 8) 상태가 되도록 골고루 섞습니다.
   *남겨놓은 액체류를 다 넣고도 되다면, 추가로 물을 1~2술씩 더 넣으세요. 상황에 맞게 '되
   기'(수분량)를 맞추는 게 포인트예요.

8 밀가루를 묻힌 손으로 만져봤을 때 쫀득하면서 살짝 늘어나는 정도면 완
   성입니다.

9 약간의 식용유로 도우 표면을 코팅합니다.
   *이렇게 해놓으면 나중에 다루기가 쉬워요.

10 도우를 젖은 면보로 덮은 뒤 실온의 테이블 위에서 15분간 발효합니다.

11 15분 뒤 사방으로 접기(폴딩 p.18)를 하고, 젖은 면보를 덮어 다시 15분간
   발효합니다.

12 15분 뒤 한 번 더 폴딩하고, 젖은 면보를 덮어 마지막으로 15분 더 발효합
    니다.

    * 【정리】 ①15분 발효 - ①폴딩 - ②15분 발효 - ②폴딩 - ③15분 발효

소보로 만들기

* 도우를 1차 발효하는 동안 미
리 만들어두세요.

13 볼에 분량의 버터, 땅콩버터, 설탕, 소금을 넣고, 연한 갈색이 될 때까지
    주걱으로 골고루 섞습니다.

    * 땅콩버터 대신 버터로도 만들 수 있어요. 땅콩에 알레르기가 있거나 구비한 땅콩버터가 없다
    면 버터로 대체하세요.

14 도우를 만들고 남은 달걀물 15g과 꿀(또는 물엿)을 넣고 골고루 섞습니다.

    * 남은 달걀물이 많을 수 있으니 정확히 15g만 재서 사용하세요.

15 분량의 중력분과 베이킹파우더를 체에 쳐서 넣고, 주걱으로 긁듯이 밀가
    루가 살짝 덜 섞인 상태까지 섞어주다가(사진 15-1, 2) 손으로 살짝 비벼 크
    고 작은 덩어리가 고슬고슬 살아 있게 만듭니다(사진 15-3, 4).

    * 소보로의 만들기의 포인트는 너무 많이 섞지 않는 거예요. 많이 섞을수록 급속도로 질어져요.
    밀가루가 남아 있어도 좋으니 어느 정도 크고 작은 덩어리가 생기면 멈추세요. 그 뒤 손으로 만
    져서 정리해요.

16 15분 뒤 1차 발효가 끝난 도우는 손가락 두 번째 마디까지 깊게 찔러도 되돌아오지 않으며, 안에 가스가 차서 폭신한 느낌이 듭니다.

    * 이때 도우에 탄성이 느껴진다면 상황에 따라 5~10분 정도 더 발효해주세요.

17 도우를 7개(개당 약 56g)로 분할해 둥글리기(p.19~20) 한 뒤, 젖은 면보를 덮어 10분간 휴지시킵니다.

    * 【휴지(벤치 타임)】 성형하기 쉽도록 도우가 느슨해지기를 기다리는 시간이에요. 휴지시킨 뒤 만져봤을 때 도우의 힘이 풀려 유연한 상태라면 성형을 시작해요.

18 도우가 느슨해졌다면, 만들어놓은 소보로를 한 움큼(1개 만들 분량) 꺼내 도마 위에 고슬고슬 평평하게 놓습니다.

19 도우의 매끈한 면이 아래로 향하도록 꽁지를 잡듯 잡아 표면에 물을 묻힌 뒤(사진 19-1) 펼쳐놓은 소보로 위에 놓고 그 위에도 소보로를 더 올려줍니다(사진 19-2).

20 양손을 사용해서 '꾹' 납작하게 누르고, 끝단까지 소보로를 골고루 빼곡히 묻힙니다.

21 뒤집어서 소보로가 떨어지거나 잘 붙지 않은 곳이 있다면, 메워줍니다.

22 테프론시트나 종이호일을 깐 팬 위에 올린 뒤 모양을 살짝 다듬어줍니다. 나머지 6개도 동일한 방법으로 만들어주세요.

  * 소보로가 남는다면, 7등분으로 배분한 뒤 각각의 도우에 눌러서 붙여요.

  * 도우를 납작하게 눌러도 구우면 봉긋해져요.

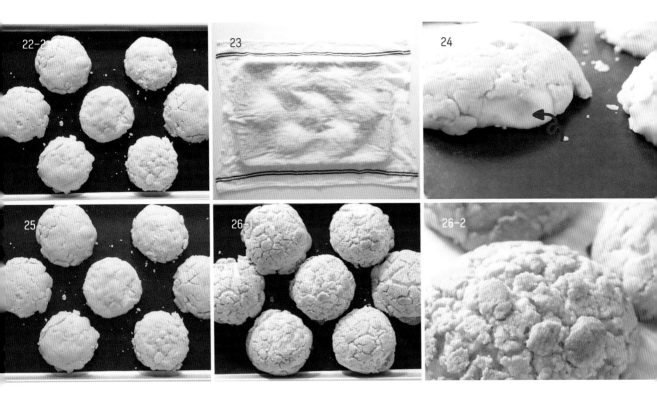

최종 발효와 굽기

23 성형이 끝나면, 도우가 건조해지지 않도록 젖은 면보로 덮은 뒤 실온의 테이블 위에서 약 13~15분 정도 최종 발효합니다.

 *최종 발효 시간이 짧아 오븐을 이용한 발효는 하지 않아요.

 *성형이 끝나면 오븐을 180℃로 13~15분 정도 예열하세요.

24 13~15분 뒤 물 묻은 손가락으로 도우 부분을 눌렀을 때 자국이 남는다면 구울 타이밍입니다.

 *이런 자국이 남지 않는다면, 더 기다려야 해요.

25 180℃로 예열된 오븐에서 14~18분 정도, 사진과 같은 노릇한 색이 될 때까지 굽습니다.

26 구운 빵은 팬째 떨어뜨려 수증기를 내보내 수축을 방지하고, 바로 식힘망 위로 옮겨 건조해지지 않게 합니다.

 *15분 정도 지나면 빵이 어느 정도 식는데, 약간 온기가 있을 때 먹으면 더 맛있어요.

✦TIP : 시간의 여유가 있다면, 적은 양의 이스트로 천천히 발효시켜 빵의 풍미를 높이는 '천천히 버전'으로 만들어보세요. 아래를 참고해 이스트의 양과 발효 시간만 다르게 적용하고, 나머지 공정은 모두 동일하게 진합니다.

- 이스트를 2g(1/2작은술)으로 줄여서 사용합니다.
- 1차 발효 시, 30분/ 40분/ 30분 간격으로 폴딩합니다.
- 최종 발효 시, 발효 시간 기준을 15~20분 정도로 잡습니다.

·도와주세요·
Q & A

Ⓠ : 소보로가 질어 한 덩어리가 되었을 때, 응급처치 방법을 알려주세요.

Ⓐ : 첫째, 분량 외의 밀가루를 1~2술 정도 추가해 고슬고슬하게 만들어보세요. 둘째, 냉장고 안에 15분 정도 넣었다가 빼낸 뒤 손으로 비벼 고슬고슬한 상태로 만들어도 좋습니다.

Ⓠ : 굽고 난 직후에는 소보로가 바삭했는데, 시간이 지나니 눅눅해졌어요. 왜 그런 건가요?

Ⓐ : 갓 구운 소보로빵은 소보로의 바삭함이 살아 있어요. 하지만 시간이 지나면서 주변의 습기를 머금어 소보로의 바삭함이 부드럽게 변합니다. 이것은 자연스러운 현상이에요. 시중에 판매되는 소보로빵도 마찬가지예요. 구운 뒤 어느 정도 시간이 지나 포장해두면 소보로 부분이 습기를 머금어 부드러워집니다.

모카빵

베이커리계의 스테디셀러를 꼽으라면 저는 단연 모카빵입니다. 조금 투박한 겉모습과는 다르게 늘 매혹적인 향과 맛을 선사하거든요. 집에서도 마치 베이커리에서 사 온 것 같은 모카빵을 만들 수 있답니다. 달콤하고 고소한 커피향이 집 안에 가득해지면, 빵을 만날 기대감에 콧노래가 흘러나올 거예요.

재 료 [2개 분량]

물 50g

우유 75g

인스턴트커피 4g(3/4작은술)

＊흔히 '알 커피'라고 부르는, 커피 '알'만 있는
것을 의미해요(카누도 가능).

실온의 달걀물 25g(달걀 약 1/2개)

인스턴트 드라이이스트 4g(1작은술)

설탕 30g

소금 4g(3/4작은술)

녹인 버터 15g

＊버터를 전자레인지로 10~15초간 데운 뒤 녹
여서 준비해요.

강력분 220g

건크랜베리 또는 건포도(선택 사항) 30g

＊건과일을 싫어하지 않는다면, 넣어서 만드는
게 맛있어요.

[모카 비스킷]

실온의 버터(p.13) 30g

＊가염버터도 사용 가능하며, 이땐 소금을 생략
해요.

설탕 60g

소금 0.5g(5꼬집)

실온의 달걀물 25g(달걀 약 1/2개)

중력분(또는 박력분) 90g

베이킹파우더 2g(1/2작은술)

인스턴트커피 2g(1/2작은술)

따뜻한 우유 8g(2작은술)

[코팅용] 식용유 약간

[덧가루용] 중력분(또는 강력분) 약간

오 븐

•170℃로 예열된 오븐에서 약 25분간 굽습니다.

믹싱과 1차 발효하기

1 물, 우유, 인스턴트커피를 내열 용기에 모두 담습니다. 이때 물은 다 넣지 않고 10~15g(㎖) 정도를 남겨주세요.

2 전자레인지로 25~30초 정도 데운 뒤 커피가 가라앉지 않도록 잘 섞습니다.

3 실온의 달걀 1개를 잘 풀어 그중 25g을 2에 넣고 섞은 뒤 만졌을 때 기분 좋게 따뜻한 정도(37~38℃ 전후)인지 체크합니다.

   * 너무 뜨거우면 저어서 식혀요. 액체의 온도로 도우의 온도를 조절해요.

   * 남은 달걀물은 모카 비스킷을 만들 때 쓰세요.

4 볼 안에 3을 붓고 인스턴트 드라이이스트를 흩뿌린 뒤 살짝 흔듭니다.

5 설탕과 소금 → 녹인 버터 → 밀가루의 순서대로 넣습니다. 주걱을 짧게 쥐고 맷돌을 돌리듯이 한 방향으로 최대한 섞습니다.

6 도우가 단단하고 재료가 잘 섞이지 않는다면, 남겨놓은 물을 조금씩 추가해 적절한 되기(사진 7) 상태가 되도록 골고루 섞습니다.

   * 남겨놓은 물을 다 넣고도 되다면, 추가로 물을 1~2술씩 더 넣으세요. 상황에 맞게 '되기'[수분량]를 맞추는 게 포인트예요.

7 밀가루를 묻힌 손으로 만져봤을 때 쫀득하면서 살짝 늘어나는 정도면 완성입니다.

8 약간의 식용유로 도우 표면을 코팅합니다.

＊이렇게 해놓으면 나중에 다루기가 쉬워요.

9 도우를 젖은 면보로 덮은 뒤 실온의 테이블 위에서 15분간 발효합니다.

＊15분간 1차 발효를 하는 사이, 모카 비스킷과 크랜베리를 준비해요(p.73참고).

10 15분 뒤 사방으로 접기(폴딩 p.18)를 하고, 젖은 면보를 덮어 다시 15분간 발효합니다.

11 15분 뒤 한 번 더 폴딩하고, 젖은 면보를 덮어 마지막으로 15분 더 발효합니다.

＊【정리】①15분 발효 - ①폴딩 - ②15분 발효 - ②폴딩 - ③15분 발효

모카 비스킷 만들기

* 도우를 1차 발효하는 동안 미
리 만들어두세요.

12   따뜻한 우유에 인스턴트커피를 넣고 잘 섞어서 커피액을 준비합니다.

13   실온의 버터를 주걱으로 살짝 풀어준 뒤 설탕과 소금을 2회에 나눠 넣고
     섞습니다.

     * 설탕량이 많아서 잘 안 섞이니, 지금 단계에선 어느 정도만 섞여도 괜찮아요.
     * 모카빵 비스킷은 버터 온도에 예민하지 않아서 좀 많이 물렁해진 버터를 사용해도 크게 문제
     없어요.

14   좀 전에 남겨둔 실온의 달걀물 중 25g을 계량해서 넣고, 설탕이 어느 정도
     녹아 '묽게 떨어지는 점도'가 될 때까지 거품기로 섞습니다.

     * 설탕이 너무 안 섞이면 비스킷이 우수수 떨어지고, 반대로 너무 녹으면 크랙이 잘 안 생겨요.

15   준비한 가루류(밀가루와 베이킹파우더)의 '반'만 넣고 주걱으로 완전히 섞은
     뒤, 준비해둔 커피액을 넣어 갈색이 될 때까지 골고루 섞습니다.

     * 가루류를 한 번에 다 넣으면 너무 질어지기 때문에 반반씩 2회에 나눠 넣어요.
     * 중력분은 그냥 넣어도 괜찮아요. 박력분의 경우만 체로 쳐서 넣어요.

16   남은 분량의 가루류를 다 넣고 주걱으로 긁듯이 섞어 마무리합니다.

      *이때 완전히 다 섞지 말고 밀가루가 약간 보일 듯 말 듯한 상태에서 마무리해야 비스킷이 질
어지지 않아요.

17   랩으로 감싸 사각형으로 모양을 잡은 뒤 냉장고에 보관합니다.

      *차갑게 해둬야 나중에 모양 잡기가 편해요.

크랜베리 준비하기

18   크랜베리를 따뜻한 물에 15분간 불린 뒤 물기를 잘 빼서 준비합니다.

분할과 둥글리기

19 15분 뒤 1차 발효가 끝난 도우는 손가락 두 번째 마디까지 깊게 찔러도 되돌아오지 않으며, 안에 가스가 차서 폭신한 느낌이 듭니다.

＊이때 도우에 탄성이 느껴진다면 폭신한 느낌이 들 때까지 더 발효해주세요.

20 도우를 2개(213g)로 분할해 타원형으로 둥글리기(p.23) 한 뒤 젖은 면보를 덮어 10분간 휴지시킵니다.

＊【휴지(벤치 타임)】 성형하기 쉽도록 도우가 느슨해지기를 기다리는 시간이에요. 휴지시킨 뒤 만져봤을 때 도우의 힘이 풀려 유연한 상태라면 성형을 시작해요.

성형과 최종 발효하기

21 10분 뒤 밀대를 쓰지 않고 손바닥으로 도우를 눌러서 폅니다.

＊손바닥으로 펴면 최종 발효 시간을 단축할 수 있어요.

22 도우의 매끈한 면이 아래가 되도록 뒤집은 뒤 물기를 제거한 크랜베리를 반반씩 골고루 올린 다음 손바닥으로 눌러서 고정합니다.

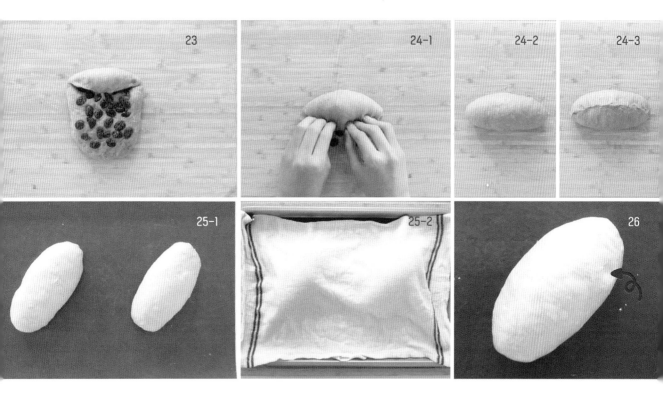

23   윗부분을 접어 심을 만듭니다.

24   위에서부터 말아서 내려와 럭비공 모양으로 만든 뒤, 이음새를 잘 닫아줍니다(길이 약 13cm).

25   이음새가 아래로 가도록 테프론시트나 종이호일을 깐 팬 위에 올린 뒤 젖은 면보를 덮고 약 20분간 최종 발효합니다.

     * 20분간 최종 발효를 하는 중에 오븐을 170℃로 10~15분 정도 예열하세요.

26   20분 뒤 물 묻힌 손가락으로 표면을 살짝 눌러봤을 때, 천천히 되돌아오지만 자국이 살짝 남는 상태가 되면 최종 발효가 다 된 것입니다.

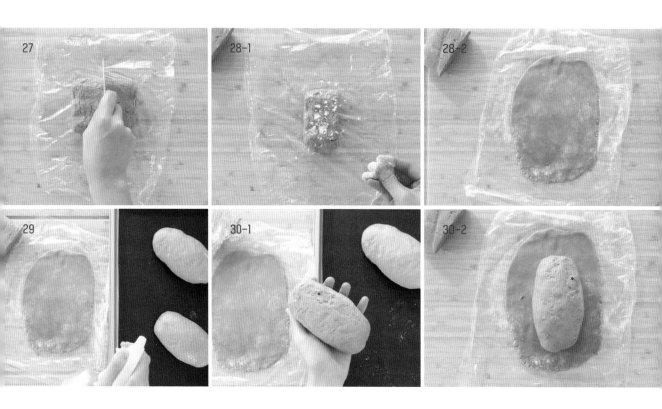

모카 비스킷 올리기

27 만들어놓은 모카 비스킷을 냉장고에서 꺼내 반으로 자릅니다.

28 비스킷은 끈적해서 덧가루를 충분히 사용하며 다룹니다. 랩 위에 올린
    상태로 비스킷을 도우의 겉면에 씌울 수 있을 정도의 넓이로 폅니다.

29 도우 위에 물을 뿌립니다.

    ＊물을 뿌리면 비스킷이 도우에 잘 붙어요.

30 손바닥을 이용해 도우를 조심스럽게 옮겨 매끈한 면이 바닥으로 향하
    게 비스킷 위에 올리고, 랩을 이용해 도우를 비스킷으로 감쌉니다.

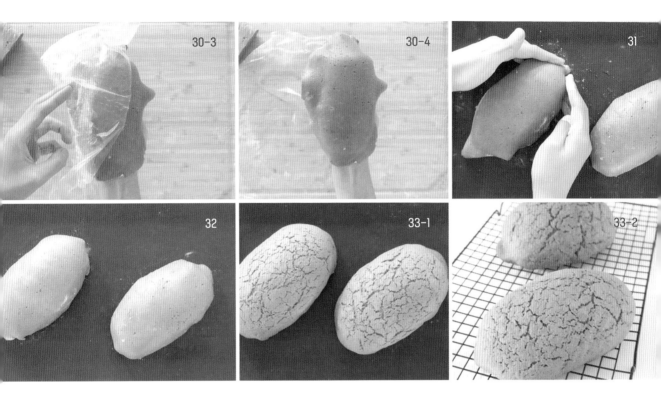

31   베이킹팬 위로 옮긴 뒤 밑면까지 잘 감싸서 마무리합니다.

굽기

32   170℃로 예열된 오븐에서 약 25분간 굽습니다.

33   구운 모카빵은 팬째 살짝 떨어뜨려 수축을 예방하고, 바로 식힘망으로 옮겨 빵이 건조해지지 않게 합니다.

✦TIP : 시간의 여유가 있다면, 적은 양의 이스트로 천천히 발효시켜 빵의 품미를 높이는 '천천히 버전'으로 만들어보세요. 아래를 참고해 이스트의 양과 발효 시간만 다르게 적용하고, 나머지 공정은 모두 동일하게 진행합니다.

• 이스트를 2g(1/2작은술)으로 줄여서 사용합니다.

• 1차 발효 시, 30분/ 40분/ 30분 간격으로 폴딩합니다.

• 최종 발효 시, 발효 시간 기준을 25분 정도로 잡습니다.

·도와주세요·
Q & A

Q : 믹스커피를 사용해도 되나요?

A : 믹스커피 전체(프림과 설탕이 섞인 것)를 사용하는 것은 레시피상 불가능하지만, 믹스커피의 커피 알만 덜어내서 사용하는 것은 됩니다.

Q : 모카빵의 비스킷에 크랙이 생기지 않거나 크랙이 너무 과하게 생겼어요.

A : 버터와 설탕을 섞을 때, 너무 많이 저어서 설탕이 과하게 녹으면 크랙이 잘 생기지 않습니다. 반대로 너무 적게 저어서 설탕이 너무 조금 녹으면 크랙이 과하게 갈라져요. 핵심은 설탕 알갱이가 어느 정도 보이게 적당히 섞어주는 것입니다. 원하는 크랙이 나오지 않는다면, 섞는 정도를 조정해보세요.

Q : 떡진 모카빵으로 구워졌어요. 이유가 뭘까요?

A : 첫째, 부피가 작고 전체적으로 질퍽한 느낌이라면 잘못된 이스트 사용으로 아예 발효 자체가 잘 안 되었을 수 있어요. 개봉한 이스트를 실온에 보관했다 사용했거나 인스턴트 드라이이스트가 아닌 액티브 드라이이스트를 사용하면 이런 현상이 나타날 수 있습니다(올바른 이스트 보관법 p.12). 둘째, 부피는 괜찮은데 유독 가운데 부분만 질퍽하다면 오븐과 관련이 있어요. 오븐의 열이 약해서 제시된 온도와 시간으로는 모카빵의 수분을 완전히 날리지 못하고 구워지는 것입니다. 이럴 때는 제시된 온도보다 5~10℃ 정도 높여서 동일한 시간을 구워보세요.

야채 모닝빵

요즘에는 좀처럼 야채 모닝빵을 찾아보기 어려운 것 같아요. 그러나 추억의 빵으로 남기기에는 특유의 향긋함과 감칠맛이 자꾸 떠올라 아쉽습니다. 그럴 땐 직접 만들어보세요. 집에 있는 마요네즈와 자투리 야채를 활용하면 여느 베이커리 못지않은 홈메이드 야채 모닝빵을 만들 수 있답니다.

재 료 [8개 분량]

다진 야채 60g

＊양파, 당근, 호박 등을 사용해요. 양파는 꼭 들어가야 맛있어요.

마요네즈(또는 하프마요네즈) 30g

물 50g

우유 45g

인스턴트 드라이이스트 2g(1/2작은술)

설탕 35g

소금 4g(3/4작은술)

식용유 10g

파슬리가루(선택 사항) 1g(1작은술)

중력분 100g

강력분 100g

＊강력분 150g+박력분 50g으로도 가능해요. 또 강력분이나 중력분만으로도 만들 수 있어요.

[마요네즈 토핑]

마요네즈 약 3큰술 정도

[연유버터 토핑]

① 연유 10g + 녹인 버터 5g

② 슈거파우더 8g + 녹인 버터 8g

(재료 사정에 따라 ①과 ② 중 선택)

[코팅용]

식용유 약간

우유 약간

[덧가루용] 강력분(또는 중력분) 약간

오 븐

• 180℃로 예열된 오븐에서 약 12~16분간 굽습니다.

• 오븐과 환경에 따라 온도와 시간이 달라질 수 있으니, 제시된 온도와 시간을 바탕으로 '사진과 같은 색'이 나면 꺼내주세요.

믹싱과 1차 발효하기

1   분량의 야채를 잘게 다져서 준비합니다.

2   내열 용기에 분량의 야채, 마요네즈, 물, 우유를 모두 넣고, 40초 정도 데웁니다. 이때 물은 다 넣지 않고 10~15g(㎖) 정도를 한쪽에 남겨놓으세요.

3   뭉쳐 있는 마요네즈를 잘 섞은 뒤 만졌을 때 기분 좋게 따뜻한 정도 (37~38℃ 전후)인지 확인합니다.

   *너무 뜨거우면 저어서 식혀요. 액체의 온도로 도우의 온도를 조절해요.

4   볼 안에 3을 붓고, 인스턴트 드라이이스트를 표면에 흩뿌린 뒤 살짝 흔듭니다.

5   설탕 → 소금 → 식용유 → 파슬리가루 → 중력분과 강력분의 순서대로 볼에 넣은 뒤, 주걱을 짧게 쥐고 맷돌을 돌리듯이 현재의 수분량으로 최대한 섞습니다.

6   도우가 단단하고 재료가 잘 섞이지 않는다면, 남겨놓은 물을 조금씩 추가해 적절한 되기(사진 7) 상태가 되도록 골고루 섞습니다.

   *남겨놓은 물을 다 넣고도 되다면, 추가로 물을 1~2술씩 더 넣으세요. 상황에 맞게 '되기'(수분량)를 맞추는 게 포인트예요.

7 밀가루를 묻힌 손으로 만져봤을 때 쫀득하면서 살짝 늘어나는 정도면 완성입니다.

8 약간의 식용유로 도우 표면을 코팅합니다.
  *이렇게 해놓으면 나중에 다루기가 쉬워요.

9 도우를 젖은 면보로 덮은 뒤 실온의 테이블 위에서 30분간 발효합니다.

10 30분 뒤 사방으로 접기(폴딩 p.18)를 하고, 젖은 면보를 덮어 다시 40분간 발효합니다.

11 40분 뒤 한 번 더 폴딩하고, 젖은 면보를 덮어 마지막으로 30분 더 발효합니다.
  *【정리】① 30분 발효 - ① 폴딩 - ② 40분 발효 - ② 폴딩 - ③ 30분 발효

12 30분 뒤 1차 발효가 끝난 도우는 손가락 두 번째 마디까지 깊게 찔러도 되돌아오지 않으며, 안에 가스가 차서 폭신한 느낌이 듭니다.

* 이때 도우에 탄성이 느껴진다면 폭신한 느낌이 들 때까지 시간을 추가해 더 발효해주세요.

분할과 성형하기

13 도우를 8개(개당 약 52~53g)로 분할합니다(p. 19).

14 둥글리기 하듯이 둥글게 모양을 잡아서 테프론시트나 종이호일을 깐 베이킹팬 위에 올립니다.

* 이번에는 휴지를 하지 않고, 도우 뒷부분을 꼬집듯이 닫아주는 작업도 하지 않아요. 도우가 질고, 크기가 작은 원형의 디자인이라 두 작업을 하지 않아도 모양이 잘 나오기 때문이에요.

최종 발효하기

15 성형이 끝나면 원활히 발효되도록 도우 표면에 촉촉하게 물을 뿌리고, 오븐으로 따뜻한 환경을 조성한 뒤, 팬을 넣어 20~25분 정도 최종 발효합니다.

* 【 오븐으로 따뜻한 발효 환경 만들기】 따뜻한 물을 오븐 안에 넣고 문을 닫은 뒤 180℃로 오븐 온도를 설정해 30~50초간 공회전한 다음 오븐을 끄세요. 이때 오븐 안의 목표 온도는 약 38℃ 전후이며, 손으로 오븐 안 공기를 느껴봤을 때 '한여름 공기처럼 덥다'라는 느낌이 들면 돼요. 너무 뜨거우면 기다리고, 너무 미적지근하면 시간을 추가해 데워주세요. 오븐마다 이렇게 데워지는 데 걸리는 시간은 다를 수 있어요.

16 20~25분 뒤 도우를 꺼내고, 오븐을 180℃로 15분간 예열합니다. 그사이
    도우는 젖은 면보를 덮어 실온에 둡니다.

    * 도우가 꽤 부풀어 표면이 늘어난 모습을 볼 수 있어요.

토핑 준비하기

17 오븐이 예열되는 동안, 비닐백에 마요네즈를 담은 뒤 끝부분을 5mm 정도
    로 잘라 작은 구멍을 만듭니다.

18 분량의 녹인 버터와 연유(또는 슈거파우더)를 섞어서 연유버터 토핑을 만
    듭니다.

굽기

19   오븐 예열이 끝나고, 물 묻은 손가락으로 표면을 눌렀을 때 자국이 남는다
      면 구울 타이밍입니다.

      *자국이 남을 만큼 부풀지 않았다면 더 기다려요.

20   우유를 얇게 코팅하듯 바릅니다.

21   마요네즈 토핑을 올립니다.

22   180℃로 예열된 오븐에서 12~16분 정도 굽습니다.

23   구운 빵은 팬째 떨어트려 수증기를 내보낸 뒤, 식힘망으로 옮겨 아직 뜨거
      울 때 준비한 연유버터 토핑을 바릅니다.

TIP : 빨리 만들고 싶다면, 이스트의 양을 늘려 빨리 발효하는 '빠른 버전'으로 만들어보세요. 아래를 참고해 이
스트의 양과 발효 시간만 다르게 적용하고, 나머지 공정은 모두 동일하게 진행합니다.

- 이스트를 4g(1작은술)으로 늘려서 사용합니다.

- 1차 발효 시, 20분/ 20분/ 20분 간격으로 폴딩합니다.

- 최종 발효 시, 오븐에서 발효하는 시간 기준을 15~20분 정도로 잡습니다.

· 도와주세요 ·
Q & A

Ⓠ : 토핑 재료로 사용할 연유도 슈거파우더도 없어요. 설탕을 사용해도 될까요?

Ⓐ : 설탕을 써도 됩니다. 설탕을 쓸 경우에는 굽기 전 도우 위에 살짝 뿌리고, 구운 뒤 녹인 버터를
따로 바르세요.

시나몬롤

시나몬롤을 만들 때면 영화 〈카모메 식당〉이 떠오릅니다. 손님 없는 식당에서 꿋꿋이 자신만의 스타일대로 시나몬롤을 만드는 주인공의 모습을 따라가다 보면, 어느새 소소한 행복감을 마주하기 때문이에요. 반죽기가 없어도 누구나 쉽게 시나몬롤을 만드는 행복을 느끼길 바라면서 이 레시피를 완성했습니다. 여러분의 행복이 담긴 시나몬롤은 어떤 맛일까요?

재　　료 [7~8개 분량]

우유 170g

실온의 달걀물 25g(달걀 약 1/2개)

인스턴트 드라이이스트 5g(1과 1/2작은술)

설탕 60g

소금 5g(1작은술)

녹인 버터 50g

＊ 버터를 전자레인지로 10~15초간 데운 뒤 녹
여서 준비해요.

중력분(또는 강력분) 300g

[필링용]

부드러운 버터 20g

황설탕(또는 백설탕) 50~80g

＊ 단맛을 많이 좋아한다면 80g, 은은한 단맛을
좋아한다면 50g을 추천해요.

시나몬파우더 2~4g(1~2작은술)

＊ 취향에 따라 사용하세요. 저는 4g을 넣었어요.

아몬드파우더(선택 사항) 4g(2/3큰술)

＊ 필링에 넣으면, 구운 뒤 설탕이 덜 녹아 흘러요.

카다몬파우더(선택 사항) 3꼬집

＊북유럽스타일 시나몬롤에 들어가는 재료로,
코를 강하게 자극하는 향이 나요.

[에그 워시]

달걀물 25g

우유 1큰술

＊ 달걀물과 우유를 섞어서 준비하세요.

[데커레이션]

우박설탕 또는 아이싱(우유 6g, 슈거파우
더 35g, 부드러운 버터 5g)

＊ 아이싱은 시나몬롤이 거의 식은 뒤에 뿌리세
요. 뜨거울 때 뿌리면 녹아버려요.

[코팅용] 식용유 약간

[덧가루용] 중력분(또는 강력분) 약간

오　　븐

• 190℃로 예열된 오븐에서 13~18분 정도 굽습니다.

• 오븐과 환경에 따라 온도와 시간이 달라질 수 있으니, 제시된 온도와 시간을
바탕으로 사진과 같은 색이 나면 꺼내주세요.

믹싱과 1차 발효하기

1   내열 용기에 분량의 우유를 담아 전자레인지로 40~50초(만졌을 때 살짝 뜨거울 정도)간 데웁니다.

2   볼 안에 데운 우유를 붓습니다. 이때 다 넣지 않고 10~15g(㎖) 정도를 한쪽에 남겨놓으세요.

3   실온의 달걀 1개(약 50g)를 잘 풀어, 이 중 25g을 2에 넣고 섞습니다.

    ＊남은 달걀물 25g은 에그 워시를 만들 때 쓸 거예요.

4   만졌을 때 기분 좋게 따뜻한 정도(37~38℃ 전후)인지 확인합니다.

    ＊너무 뜨거우면 저어서 식혀요. 액체의 온도로 도우의 온도를 조절해요.

5   인스턴트 드라이이스트를 표면에 흩뿌리고 살짝 혼듭니다.

6   설탕과 소금 → 녹인 버터 → 밀가루의 순서대로 넣습니다. 주걱을 짧게 쥐고 맷돌을 돌리듯이 현재의 수분량으로 최대한 섞습니다.

7   도우가 단단하고 재료가 잘 섞이지 않는다면, 남겨놓은 우유를 조금씩 추가해 적정한 되기(사진 8) 상태가 되도록 골고루 섞습니다.

    ＊남겨놓은 우유를 더 넣지 않고도 되기가 맞다면, 안 넣어도 괜찮아요. 상황에 맞게 '되기'(수분량)를 맞추는 게 포인트예요.

8   밀가루를 묻힌 손으로 만져봤을 때 끈적이지만 찰기가 느껴지면 완성입니다.

    ＊버터양이 많은 편이고, 중력분만 사용해 좀 질다고 느낄 수 있지만, 시간이 흐를수록 점점 탄력이 생기니 걱정하지 마세요.

9   약간의 식용유로 도우 표면을 코팅합니다.

    ＊이렇게 해놓으면 나중에 다루기가 쉬워요.

10   도우를 젖은 면보로 덮은 뒤 실온의 테이블 위에서 15분간 발효합니다.

11   15분 뒤 사방으로 접기(폴딩 p.18)를 하고, 젖은 면보를 덮어 다시 20분간 발효합니다.

    ＊도우가 진 편이라 깔끔하게 폴딩하기 어려울 수 있지만, 개의치 말고 접다 보면 점점 탄력이 생기는 게 느껴질 거예요.

12   20분 뒤 한 번 더 폴딩하고, 젖은 면보를 덮어 마지막으로 15분 더 발효합니다.

    ＊【정리】①15분 발효 - ①폴딩 - ②20분 발효 - ②폴딩 - ③15분 발효

필링 만들기

13   버터를 제외한 나머지 재료를 잘 섞어 준비합니다. 설탕과 시나몬파우더의 양은 취향에 따라 가감합니다. 아몬드파우더는 필링을 잘 고정하는 역할을 하고, 카다몬파우더는 북유럽의 풍미를 냅니다. 그러나 아몬드파우더와 카다몬파우더는 선택 사항이므로 없어도 만들 수 있습니다.

성형하기

14   15분 뒤 1차 발효가 끝난 도우는 손가락 두 번째 마디까지 깊게 찔러도 되돌아오지 않으며, 안에 가스가 차서 폭신한 느낌이 듭니다.

    ＊이때 도우에 탄성이 느껴진다면 폭신한 느낌이 들 때까지 시간을 추가해 더 발효해주세요.

15   작업대에 덧가루를 뿌린 뒤 도우를 놓고 가스를 살짝 뺍니다.

16   길이 45cm, 폭 18cm의 직사각형이 되도록 밀대로 가능한 한 균등하게 밀어줍니다.

    ＊중간에 잘 펴지지 않는다면, 2~3분 정도 쉬다 다시 해보세요. 도우의 긴장이 풀어져 잘될 거예요.

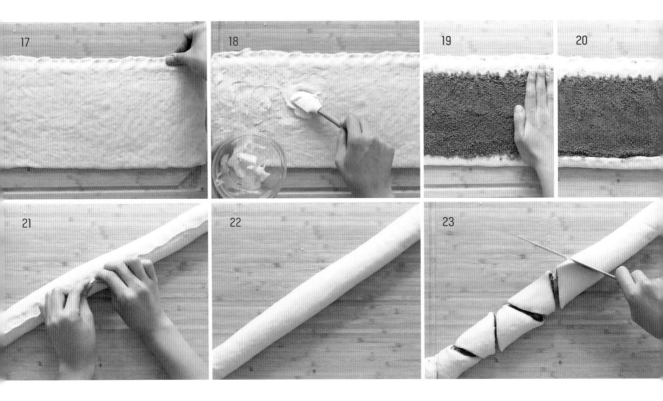

17 상단 부분만 작업대 위에 붙입니다.

18 작업대 위에 붙인 상단 부분을 제외한 나머지에 부드러운 버터를 골고루 바릅니다.

19 그 위에 필링을 올려 골고루 편 뒤 손으로 눌러 밀착시킵니다.

20 가장 아랫단을 1cm 너비로 얇게 접습니다.
    * 한 번 접어놓고 시작하면 말기 더 쉽고, 잘 풀리지 않아요.

21 위로 돌돌 말아 올려서 이음매를 꼼꼼히 잘 붙입니다.
    * 살짝 타이트하게 만든다는 느낌으로 말아야 구웠을 때 모양이 예뻐요.

22 이음매가 아래로 가게 놓은 뒤 손으로 전체적인 굵기를 다듬어줍니다.

23 칼로 윗변 약 1.5cm, 아랫변 약 7cm의 '사다리꼴' 모양으로 자릅니다.

24 정방향으로 세운 뒤 새끼손가락으로 눌러서 모양을 잡고, 테프론시트나 종이호일을 깐 베이킹팬 위에 올립니다.

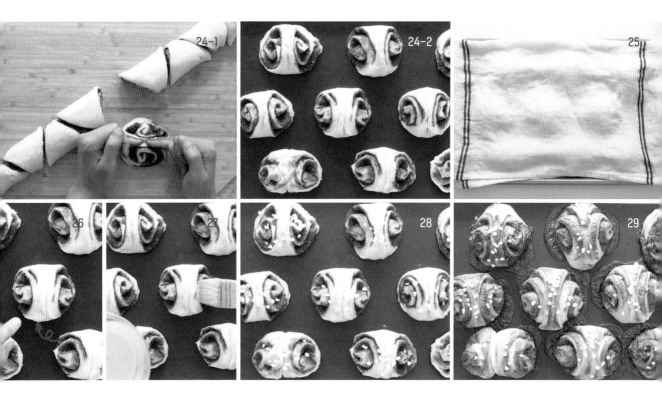

최종 발효와 굽기

25 성형이 끝나면, 건조해지지 않도록 젖은 면보로 덮은 뒤 실온의 테이블 위에서 약 10분간 최종 발효합니다.

＊최종 발효 시간이 짧아서 오븐을 이용한 발효는 하지 않아요.

＊성형이 끝나자마자 오븐을 190℃로 10~15분 정도 예열하세요.

26 도우 부분을 물 묻은 손가락으로 눌렀을 때 자국이 남는다면 구울 타이밍입니다.

27 분량의 우유와 달걀을 섞어 에그 워시를 만들고, 표면에 얇게 코팅하듯 바릅니다.

28 우박설탕을 뿌린 뒤 190℃로 예열된 오븐에 13~18분 정도 굽습니다.

＊우박설탕이 없다면, 에그 워시만 발라서 구우세요.

＊아이싱은 지금 뿌리지 않아요. 굽고 나서 빵이 거의 식고 난 뒤 뿌려야 녹아내리지 않아요.

29 구운 시나몬롤은 바로 식힘망 위로 옮겨서 건조해지지 않게 합니다.

＊시나몬롤은 '탕' 내려치지 않아도 수축하지 않아요.

＊12분 정도 식힌 뒤, 약간 온기가 있을 때 먹으면 더 맛있어요.

Q : 도우가 자꾸 수축해서 적정 넓이로 넓게 펴기가 힘들어요.

A : 밀대로 자꾸 도우를 터치하다 보면 그 마찰로 인해 도우의 탄력이 점점 강해집니다. 그러면 아무리 밀어도 잘 밀리지 않아요. 그럴 땐 젖은 면보를 덮고서 2~3분 정도만 기다린 뒤에 다시 해 보세요. 도우의 긴장이 풀려 탄력이 약해지기 때문에 밀기가 수월합니다.

Q : 시나몬롤에 중력분을 사용한 이유가 있을까요? 강력분밖에 없는데, 강력분을 써도 될까요?

A : 중력분을 사용하면 강력분을 사용했을 때보다 더 부드러운 식감의 시나몬롤이 됩니다. 그러나 강력분만 갖고 있다면, 강력분을 써도 괜찮아요.

소금빵

지금 가장 인기 있는 그 빵. 겉은 바삭, 속은 폭신, 고소하면서 담백하고 버터리하면서 짭짤한 맛까지, 소금빵은 이 모든 걸 해냅니다. 빵 하나로 다채로운 맛의 감각을 느낄 수 있어 한 번에 2~3개를 먹는 건 어려운 일도 아닐 거예요. 효율적인 공정을 따라 이제 집에서도 손쉽게 소금빵을 만들어보세요.

재   료 [8개 분량]

물 100g

우유 45g

인스턴트 드라이이스트 4g(1작은술)

설탕 5g 또는 20g

＊담백하고 가벼운 맛을 선호한다면 5g, 은은한
단맛을 선호한다면 20g을 넣으세요.

소금 4g(3/4작은술)

녹인 버터 25g

＊버터를 전자레인지로 10~15초간 데운 뒤 녹
여서 준비해요.

강력분 110g

중력분 110g

＊강력분 165g과 박력분 55g을 섞어서 사용할
수 있어요.

＊더 쫄깃한 맛을 원한다면 강력분만 220g, 더
부드러운 맛을 원한다면 중력분만 220g 사용
하세요.

[필링용] 버터 큐브 8개(개당 6~7g)

＊무염, 가염 둘 다 가능해요. 개인적으로는 무
염버터로 만드는 게 더 맛있어요.

＊가염버터를 쓸 경우, 굽기 전에 뿌리는 소금
을 많이 사용하지 않도록 유의하세요.

[토핑용] 소금 약 1g(약 1/4작은술)

＊제가 사용한 소금은 고운 바다 소금인 천일염
으로, 개당 약 1.5꼬집 정도 뿌렸어요.

＊토핑용 소금 사용에 관한 자세한 사항은 소금
빵 Q&A를 확인해주세요.

[코팅용] 식용유 약간

[덧가루용] 강력분(또는 중력분) 약간

오   븐

• 230℃로 15분간 예열한 뒤 210℃로 온도를 낮춰 11~15분 정도 굽습니다.

＊오븐 열이 약한 편이라면 220℃, 강한 편이라면 200℃에서 구워요.

• 빵의 아랫면을 확실히 '바삭'하게 굽는 것이 포인트입니다. 아랫불이 약한 오
븐의 경우, 아랫불에 가깝게 해서 굽는 것을 추천합니다.

• 각각의 오븐 환경에 따라 다를 수 있으니, 색을 보고 확인합니다.

믹싱과 1차 발효하기

1 내열 용기에 분량의 우유와 물을 담습니다.

2 전자레인지로 20~25초 정도 만졌을 때 기분 좋게 따뜻한 정도(37~38℃ 전후)로 데웁니다.

   * 너무 뜨거우면 저어서 식혀요. 액체의 온도로 도우의 온도를 조절해요.

3 볼 안에 데운 우유와 물을 붓습니다. 이때 다 넣지 않고 10~15g(㎖) 정도를 한쪽에 남겨놓으세요.

4 인스턴트 드라이이스트를 넣고 살짝 흔듭니다.

5 설탕과 소금 → 녹인 버터 → 밀가루의 순서대로 넣습니다. 주걱을 짧게 쥐고 맷돌을 돌리듯이 한 방향으로 최대한 섞습니다.

6 도우가 단단하고 재료가 잘 섞이지 않는다면, 남겨놓은 액체류를 조금씩 추가해 적절한 되기(사진 7) 상태가 되도록 골고루 섞습니다.

   * 남겨놓은 액체류를 다 넣고도 되다면, 추가로 물을 1~2술 더 넣으세요. 상황에 맞게 '되기'[수분량]를 맞추는 게 포인트예요.

7 밀가루를 묻힌 손으로 만졌을 때 쫀득하면서 살짝 늘어나는 정도면 완성
   입니다.

8 약간의 식용유로 도우 표면을 코팅합니다.
   *이렇게 해놓으면 나중에 다루기 쉬워요.

9 도우를 젖은 면보로 덮은 뒤 실온의 테이블 위에서 15분간 발효합니다.

10 첫 15분간의 1차 발효 시간 동안 버터를 큐브 모양으로 잘라 냉장고에 보
   관합니다.
   *사진처럼 짧고 도통한 큐브 모양으로 잘라야 소금빵 안에 구멍이 잘 생겨요.

11 15분 뒤 사방으로 접기(폴딩 p.18)를 하고, 젖은 면보를 덮어 다시 15분간
   발효합니다.

12   15분 뒤 한 번 더 폴딩하고, 젖은 면보를 덮어 마지막으로 15분 더 발효
      합니다.

      *【정리】①15분 발효 - ①폴딩 - ②15분 발효 - ②폴딩 - ③15분 발효

분할과 성형하기

13   15분 뒤 1차 발효가 끝난 도우는 손가락 두 번째 마디까지 깊게 찔러도 되
      돌아오지 않으며, 안에 가스가 차서 폭신한 느낌이 듭니다.

      *이때 도우에 탄성이 느껴진다면 폭신한 느낌이 들 때까지 시간을 추가해 더 발효해주세요.

14   도마 위에 덧가루를 뿌린 뒤 도우를 올리고, 가스를 빼가며 둥근 모양으로
      만듭니다.

15   밀대로 지름 약 25cm의 균등하고 평평한 원형으로 만든 뒤 스크래퍼를
      사용해 사진처럼 8등분합니다.

16   도마를 세로로 길게 90° 돌리고, 밀대로 길이 27cm, 너비 10cm가 되도록
      편 뒤 아래쪽에 차가운 버터를 올립니다.

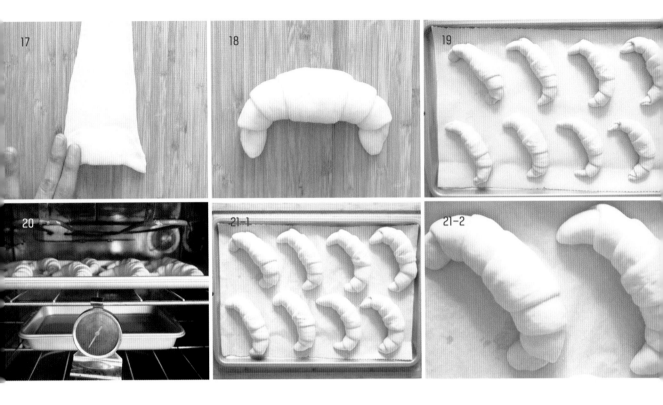

17 도우로 버터를 감싼 뒤 가장자리를 눌러서 잘 닫아줍니다.

* 잘 닫아줘야 버터가 과하게 새지 않아요.

18 도우 끝을 잡고 당겨가며 앞으로 돌돌 말아 초승달 형태로 완성합니다.

* 특히 마지막 부분을 타이트하게 말아야 모양이 예뻐져요.

19 종이호일을 깐 팬 위에 사진과 같이 살짝 어긋나게 올립니다.

* 이렇게 하면 열이 더 골고루 통해요.

* 구우면 버터가 필연적으로 흘러나오니, 테프론시트보단 종이호일을 까는 게 설거지에 용이해요.

최종 발효와 굽기

20 오븐으로 따뜻한 환경을 조성한 뒤 팬을 넣고 20~25분간 최종 발효합니다.

* 【오븐으로 따뜻한 발효 환경 만들기】따뜻한 물을 오븐 안에 넣고 문을 닫은 뒤 180℃로 오븐 온도를 설정해 30~50초간 공회전한 다음 오븐을 끄세요. 이때 오븐 안의 목표 온도는 약 38℃ 전후이며, 손으로 오븐 안 공기를 느껴봤을 때 '한여름 공기처럼 덥다'라는 느낌이 들면 돼요. 너무 뜨거우면 기다리고, 너무 미적지근하면 시간을 추가해 데워주세요. 오븐마다 이렇게 데워지는 데 걸리는 시간은 다를 수 있어요.

* 소금빵은 안에 버터가 들어 있어, 오븐 안이 과하게 더우면 발효 중에 버터가 녹아나올 수 있어요.

21 20~25분 뒤 도우를 꺼내고, 오븐을 230℃로 15분간 예열합니다. 그사이 도우는 젖은 면보를 덮어 실온에 둡니다.

* 도우가 꽤 부풀어 표면이 늘어난 모습을 볼 수 있어요.

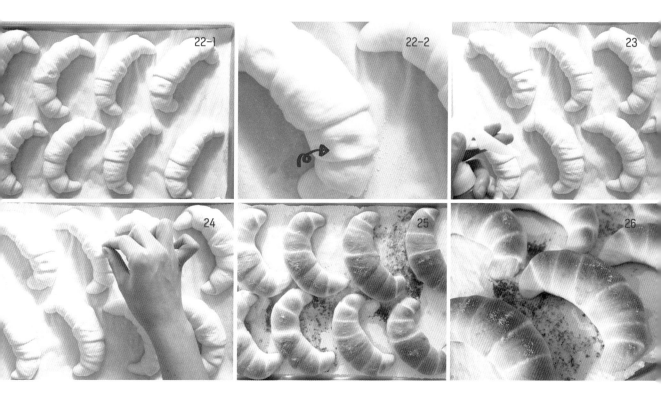

22 예열이 끝나면 알맞게 발효됐는지 확인합니다. 이때 도우는 포실하게 부풀
어, 팬을 잡고 흔들면 '부들부들'한 느낌으로 가볍게 떨리는 느낌이 납니다.
또 물 묻은 손으로 표면을 누르면 선명한 자국이 남습니다.

＊덜 부푼 느낌이 든다면 좀 더 기다렸다가 구워보세요.

23 표면이 코팅될 정도로 4~5회 물을 분무합니다.

＊도우의 표면이 촉촉하면 더 잘 부풀어요.

24 소금을 뿌립니다.

＊짜지 않게 소금을 적당히 뿌려주세요.

＊취향에 따라 다르지만, 저는 도우 전체에 소금을 뿌리는 것을 선호해요.

25 오븐 온도를 210℃로 낮춘 뒤, 11~15분 정도 굽습니다.

＊열이 강한 오븐이라면 온도를 200℃로 맞춰 구우세요.

＊색을 진하게 내는 것보다 살짝 연하게 굽는 것이 더 부드럽고 맛있어요.

26 구운 빵은 팬째 떨어뜨려 수증기를 내보내 수축을 방지하고, 바로 식힘망
위로 옮겨서 건조해지지 않게 합니다.

＊소금빵은 2분 정도로 살짝만 식혀서 먹을 때 가장 맛있어요.

✦TIP • 소금빵은 가게에 따라 '바게트'에 가깝게 만드는 곳과 '버터롤'에 가깝게 만드는 곳이 있어요. 저는 소금빵에 들어가는 설탕량을 두 가지로 제시했어요. 설탕을 5g 넣으면 바게트와 버터롤의 중간 느낌이 나고, 20g을 넣으면 버터롤과 비슷한 맛이 납니다. 그래서 여러분이 맛본 소금빵과 다소 차이가 있을 수도 있지만, 이 소금빵도 나름 대로 매력이 있답니다.

• 소금빵의 원조라는 일본의 한 베이커리에서는 도우 50g당 버터 10g을 넣는다고 해요(책에서 소개한 레시피는 도우 50g당 버터 6~7g). 기호에 따라 도우 50g당 버터 10g을 넣어서도 만들어보세요.

· 도와주세요 ·
Q & A

(Q) : 오븐 발효 뒤 아직 굽기도 전인데, 이미 버터가 새어 나왔어요.

(A) : 최종 발효 시 오븐 내부 온도가 너무 높으면, 발효 중에도 버터가 흘러나옵니다. 오븐 안이 너무 따뜻하다 싶으면 식도록 잠깐 기다려주세요. 또한 버터를 실온에 두었다 쓰진 않았는지 확인해 보세요. 차가운 버터를 사용해야 발효할 때 버터가 녹지 않는답니다.

(Q) : 굽기 전엔 괜찮았는데, 굽고 나니까 버터가 강처럼 새어 나왔고, 구멍도 거의 없어요.

(A) : 구운 뒤 어느 정도는 버터가 새어 나오기도 하지만 마치 강처럼 과하게 샜다면, 이렇게 해보세요. 첫째, 버터를 냉동실에 보관했다가 사용해보세요. 위에서 언급했듯이 버터가 차가워야 알맞은 타이밍(오븐에 들어간 뒤)에 녹습니다. 둘째, 버터를 짧고 도톰한 모양으로 잘랐는지 확인해보세요. 짧고 도톰한 모양의 버터 큐브를 사용해야 소금빵 특유의 '구멍'이 잘 생긴답니다.

(Q) : 토핑용 소금에 관한 팁을 알려주세요.

(A) : 소금빵을 구울 때 토핑용으로 어떤 소금을 사용해야 할까 은근히 고민되실 거예요. 제 경험을 바탕으로 토핑용 소금에 대한 몇 가지 팁을 알려드릴게요. 첫째, 저는 고운 천일염을 사용하고 있어요. 제가 고운 천일염을 쓰는 이유는 적절한 짠맛 때문이에요. 그동안 여러 종류의 소금을 이용해 소금빵을 만들어봤는데, 고운 천일염은 입자가 작아 많이 짜게 느껴지지 않았어요. 참고로 소금빵의 원조 격인 베이커리에서는 약간 굵은 입자의 흰색 암염을 쓴다고 합니다. 아무래도 암염은 시중에서 손쉽게 구하기가 어려우니, 천일염, 히말라야 핑크소금(분홍색 암염) 등 이미 구비하고 있는 소금을 사용해보세요. 둘째, 토핑용 소금으로 입자가 굵은 소금을 사용할 때는 양을 적절히 조절해보세요. 굵은 소금을 많이 뿌리면 빵 맛이 확 짜진답니다. 셋째, 베이킹 화보처럼 먹음직스러움 소금빵을 만들고 싶다면, 토핑용 소금으로 프레츨용 굵은 소금을 사용해보세요. 색상의 대비로 빵 위의 소금이 더 눈에 띄어, 멋진 컷을 찍을 수 있답니다.

모카번

동글동글 귀여운 외형만큼이나 중독적인 맛을 지닌 모카번. 달콤하고 바삭한 모카 토핑
과 천천히 발효되어 나온 빵의 풍미 그리고 그 안에 숨어 있는 버터까지. 이 조화에 한 번
이라도 빠진 사람이라면 누구도 헤어 나올 수 없을 거예요. 심혈을 기울여서 만든 그 맛,
함께 느껴보실래요?

재   료 [6개 분량]

물 75g

우유 75g

인스턴트 드라이이스트 2g(1/2작은술)

설탕 20g

소금 4g(3/4작은술)

녹인 버터 15g

＊버터를 전자레인지로 10~15초간 데운 뒤 녹여서 준비해요.

중력분 200g

[필링용] 가염버터 30g(5g짜리 6개)

＊무염버터도 가능해요. 이 경우 소금을 약간 넣으세요.

[모카 토핑]

실온의 버터(p. 13) 50g

＊손으로 눌렀을 때 살짝 저항감이 느껴지는 상태예요.

설탕 55g

실온의 달걀물 40g

중력분 55g

인스턴트커피 4g(1큰술과 1작은술)

＊커피의 '알'만 있는 커피를 의미해요. 카누를 사용할 경우는 3g으로 좀 적게 넣어주세요.

＊커피 제조회사나 브랜드에 따라 쓴맛의 강도가 다를 수 있으니, 한 번 해보고 각자의 커피에 맞게 양을 조정해도 좋아요.

물 5g(1작은술)

[코팅용] 식용유 약간

[덧가루용] 중력분(또는 강력분) 약간

오   븐

• 180℃로 예열된 오븐에서 약 12분간 굽습니다.

믹싱과 1차 발효하기

1. 내열 용기에 분량의 우유와 물을 담아 전자레인지로 약 25초간, 만졌을 때 기분 좋게 따뜻한 정도(37~38℃ 전후)로 데웁니다.

   *너무 뜨거우면 저어서 식혀요. 액체의 온도로 도우의 온도를 조절해요.

2. 볼 안에 데운 물과 우유를 붓습니다. 이때 다 넣지 않고 10~15g(㎖) 정도를 한쪽에 남겨놓으세요.

3. 인스턴트 드라이이스트를 넣고 살짝 흔듭니다.

4. 설탕과 소금 → 녹인 버터 → 밀가루의 순서대로 넣습니다. 주걱을 짧게 쥐고 맷돌을 돌리듯이 한 방향으로 최대한 섞습니다.

5. 도우가 단단하고 재료가 잘 섞이지 않는다면, 남겨놓은 액체류를 조금씩 추가해 적절한 되기(사진 6) 상태가 되도록 골고루 섞습니다.

   *남겨놓은 액체류를 더 넣지 않고도 되기가 맞는다면, 안 넣어도 괜찮아요. 상황에 맞게 '되기'(수분량)를 맞추는 게 포인트예요.

6. 밀가루를 묻힌 손으로 만졌을 때 쫀득하면서 살짝 늘어나는 정도면 완성입니다.

7   약간의 식용유로 도우 표면을 코팅합니다.

　　 ＊이렇게 해놓으면 나중에 다루기 쉬워요.

8   도우를 젖은 면보로 덮은 뒤 실온의 테이블 위에서 30분간 발효합니다.

9   30분 뒤 사방으로 접기(폴딩 p.18)를 하고, 젖은 면보를 덮어 다시 40분간 발효합니다.

10   40분 뒤 한 번 더 폴딩하고, 젖은 면보를 덮어 마지막으로 30분 더 발효합니다.

　　 ＊【정리】 ①30분 발효 - ①폴딩 - ②40분 발효 - ②폴딩 - ③30분 발효

모카 토핑 만들기

＊ 1차 발효 중 마지막 30분 발효
하는 사이에 만들어놓으세요.

11　실온의 버터(손으로 눌렀을 때 살짝 저항감이 느껴지는 정도, 반드시 체크하세요.
　　사진 11-1)에 설탕을 넣고 주걱으로 섞습니다.

　　＊ 버터의 상태가 무척 중요해요(목표 온도 약 20℃). 실온의 버터라 해도 너무 무른 것을 쓰면 구
　　웠을 때 과도하게 녹아 흐르는 토핑이 돼요. 너무 무르다면 냉장고에 잠깐 넣어놨다 사용해요.

12　분량의 실온의 달걀물을 넣고 거품기로 완전히 섞습니다. 약간 분리되는
　　듯이 보여도 괜찮습니다.

13　중력분을 넣고 주걱으로 긁듯이 섞습니다.

14　분량의 물에 인스턴트커피를 넣고 녹여 커피액을 만듭니다.

15　13에 커피액을 넣고 갈색이 될 때까지 완전히 섞습니다.

16　모카 토핑을 짤주머니에 담고, 입구를 1cm 정도로 잘라서 준비합니다.

　　＊ 짤주머니가 없으면, 지퍼팩이나 비닐을 이용해도 좋아요.

　　＊【토핑 온도의 중요성】 토핑은 너무 차갑거나 너무 따뜻하지 않은 상태의 것을 쓰는 게 중요해
　　요. 너무 따뜻하면 토핑이 얇게 감싸지고, 너무 차가우면 두껍게 감싸져요.

17   30분 뒤 1차 발효가 끝난 도우는 손가락 두 번째 마디까지 깊게 찔러도 되 돌아오지 않으며, 안에 가스가 차서 폭신한 느낌이 듭니다.

    * 이때, 도우에 탄성이 느껴진다면 폭신한 느낌이 들 때까지 시간을 추가해 더 발효해주세요.

18   도우를 6개(개당 약 65g)로 분할해 둥글리기(p. 19~20) 한 뒤 젖은 면보를 덮 어 10분간 휴지시킵니다.

19   휴지시키는 동안 필링용 가염버터를 준비합니다. 냉장고에서 꺼낸 차가 운 버터를 5g 정도의 큐브 모양으로 6개 잘라놓습니다(미리 준비할 경우, 꼭 냉장고에 차갑게 보관합니다).

20   휴지가 끝난 도우를 손바닥으로 납작하게 만든 뒤, 매끈한 면을 바닥에 두 고 필링용 버터를 올립니다.

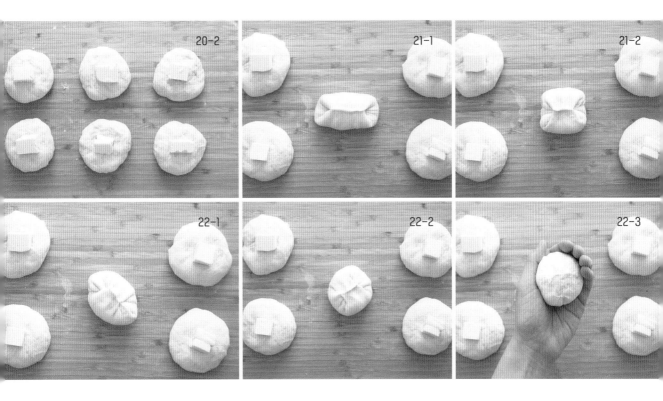

21   위아래로 도우를 잡아당겨 가운데서 붙여주고, 다시 90° 회전해 위아래로 잡아당겨 붙입니다.

22   양 대각선 방향으로 모아서 붙인 뒤 손으로 오므려서 봉긋하고 둥근 모양을 만듭니다.

    ＊가염버터가 아닌, 무염버터를 사용할 경우에는 소금을 반 꼬집 정도 넣어 함께 감싸요. 이때 소금은 정말 조금만 넣어주세요.

    ＊버터를 도우로 잘 감싸지 않으면 버터가 새어 나올 수 있어요. 이 과정을 신경 써서 해주세요.

최종 발효하기

23   분무기로 물을 2~3회 정도 뿌리고, 오븐으로 따뜻한 환경을 조성한 뒤 팬을 넣고 20~25분간 최종 발효합니다.

    ＊【오븐으로 따뜻한 발효 환경 만들기】 따뜻한 물을 오븐 안에 넣고 문을 닫은 뒤 180℃로 오븐 온도를 설정해 30~50초간 공회전한 다음 오븐을 끄세요. 이때 오븐 안의 목표 온도는 약 38℃ 전후이며, 손으로 오븐 안 공기를 느껴봤을 때 '한여름 공기처럼 덥다'라는 느낌이 들면 돼요. 너무 뜨거우면 기다리고, 너무 미적지근하면 시간을 추가해 데워주세요. 오븐마다 이렇게 데워지는 데 걸리는 시간은 다를 수 있어요.

    ＊모카번은 안에 버터가 들어 있어, 오븐 안이 과하게 더우면 발효 중에 버터가 녹아 나올 수 있어요.

24 20~25분 뒤 도우를 꺼내면, 도우가 꽤 부풀어 표면이 늘어난 모습을 볼 수 있어요. 이제 오븐을 180℃로 10~15분간 예열합니다. 그사이 도우는 젖은 면보를 덮어 실온에 둡니다.

25 오븐 예열이 끝나면 최종 발효가 알맞게 되었는지 확인합니다. 물 묻힌 손으로 도우를 살짝 누르면 자국이 남습니다.

    * 이때 도우의 탄성이 느껴지면 좀 더 기다리세요.

굽기

26 도우 위에 회오리 모양으로 모카 토핑을 얹은 뒤 180℃로 예열된 오븐에 약 12분간 굽습니다.

    * 구우면 토핑이 녹아서 흐르기 때문에 꼭 예쁘고 반듯하게 짜지 않아도 괜찮아요. 모양에 신경 쓰기보다는 6개의 도우에 각각 균일한 양을 짤 수 있게 해주세요.

    * 빵은 기본적으로 오븐의 중간단에 구우면 되지만, 모카번의 경우 윗불이 너무 강하면 토핑이 과하게 흘러내려요. 평소 윗불이 강한 오븐이라면, 가능한 한 윗불과 멀어지도록 아랫단 쪽에서 구우세요.

    * 바닥이 노릇해지면 다 익은 거예요.

27 구운 빵은 팬째 떨어뜨려 수증기를 내보내서 수축을 방지하고, 바로 식힘 망 위로 옮겨 건조해지지 않게 합니다.

    * 7분 정도 식혀 살짝 온기가 있을 때 먹으면 가장 맛있어요.

✦TIP : 빨리 만들고 싶다면, 이스트의 양을 늘려 빨리 발효하는 '빠른 버전'으로 만들어보세요. 아래를 참고해 이스트의 양과 발효 시간만 다르게 적용하고, 나머지 공정은 모두 동일하게 진행합니다.

- 이스트를 4g(1작은술)으로 늘려서 사용합니다.
- 1차 발효 시, 15분/ 15분/ 15분 간격으로 폴딩합니다.
- 최종 발효 시, 오븐에서 발효하는 시간 기준을 약 15분 정도로 잡습니다.

· 도와주세요 ·
Q & A

Q : 토핑이 과하게 흘러내렸어요. 또는 토핑이 너무 얇아졌어요.

A : 다음의 경우 토핑이 얇아지거나 과하게 흘러내리는 현상이 나타날 수 있답니다. 첫째, 너무 무른 버터를 사용하면 구웠을 때 토핑이 과하게 흘러내려요. 둘째, 반대로 찬기가 있는 버터나 달걀을 사용해서 이 둘이 심하게 분리됐을 때도 흘러내리는 토핑이 돼요. 따라서 적정 상태인 '실온의 버터(찬기는 없으나 너무 무르진 않은, 손가락으로 눌렀을 때 살짝 저항감이 느껴지지만 쓰윽 하고 들어가는 정도)와 달걀을 쓰는 것이 중요합니다. 셋째, 윗불만 있는 오븐이거나 윗불에서 가깝게 구웠을 때 흘러내리기 쉬워요. 윗불이 강한 오븐이라면 되도록 윗불로부터 멀리해 아랫단 쪽에서 굽습니다(아래쪽이 타는 게 걱정된다면 팬 2개를 겹쳐 사용해보세요).

Q : 모카 토핑의 쓴맛이 너무 강해요.

A : 커피 제조사나 브랜드에 따라 쓴맛의 정도가 다를 수 있어요. 한 번 해보고 너무 쓰게 느껴진다면, 본인이 갖고 있는 커피 제품에 맞는 적정량으로 조절해서 사용하는 걸 추천합니다.

Q : 커피믹스 또는 커피액 대신 에스프레소를 써도 되나요?

A : 커피믹스는 안에 들어 있는 설탕과 프림을 제외한 커피 알만 사용할 수 있어요. 에스프레소는 레시피에서 사용하는 커피액보다 많이 연하기 때문에 추천하고 싶진 않습니다.

Q : 시간이 지나니 토핑이 눅눅해졌어요.

A : 처음에는 바삭했던 토핑이 시간이 지나면서 공기 중 습기를 머금어 자연스럽게 눅눅해집니다. 그럴 땐 180℃로 예열된 오븐에 5분 정도 구워서 드셔보세요. 다시 바삭하게 즐길 수 있습니다. 이때도 오븐에서 빵을 갓 꺼냈을 때는 토핑이 부드러울 거예요. 하지만 식으면서 점점 바삭해지니 조금만 기다려주세요. 만약 다 식었는데도 바삭하지 않다면, 다음에는 시간을 더 늘려 구워보세요.

소시지빵

이탈리아에 피자가 있다면, 한국에는 소시지빵이 있답니다. 새콤하고 고소한 맛에 이끌려 낙엽처럼 펼쳐진 조각을 알알이 떼어 먹다 보면 순식간에 사라지는 마법을 경험하게 될 수도 있어요. 한 끼 식사로도 든든하지만, 다이어트 중이라면 각별히 조심하세요. 절대 하나만 먹고는 끝낼 수 없으니까요.

재   료 [10개 분량]

우유 210g

인스턴트 드라이이스트 5g(1과 1/2작은술)

설탕 50g

소금 6g(1과 1/4작은술)

녹인 버터 50g

＊ 버터를 전자레인지로 10~15초간 데운 뒤 녹여
서 준비해요.

중력분 300g

＊ 강력분도 가능해요. 강력분을 쓰면 좀 더 쫄깃
만 맛이 나요.

소시지(길이 13cm, 두께 2cm) 10개

모차렐라치즈 약 160g

케첩 약간

[데커레이션] 파슬리가루(선택 사항)

[콘 토핑]

옥수수캔(340g짜리) 1통

작은 양파(140g) 1개

마요네즈 약 70g

설탕 10g

소금 2꼬집

후추 약간

파슬리가루(선택 사항) 약간

[코팅용] 식용유 약간

[덧가루용] 중력분(또는 강력분) 약간

오   븐

• 200℃로 예열된 오븐에서 약 20~25분간 굽습니다.

• 오븐과 환경에 따라 온도와 시간이 달라질 수 있으니, 제시된 온도와 시간을 바
탕으로 '사진과 같은 색'이 나면 꺼내주세요.

믹싱과 1차 발효하기

1 내열 용기에 분량의 우유를 담아 전자레인지로 40초 정도 만졌을 때 기분
   좋게 따뜻한 정도(37~38℃ 전후)로 데웁니다.

   *너무 뜨거우면 저어서 식혀요. 액체의 온도로 도우의 온도를 조절해요.

2 볼 안에 우유를 붓습니다. 이때 다 넣지 않고 10~15g(㎖) 정도를 한쪽에
   남겨놓으세요.

3 이스트를 표면에 흩뿌리고 흔들어 살짝 섞습니다.

4 설탕과 소금 → 녹인 버터 → 밀가루의 순서대로 넣습니다. 주걱을 짧게
   쥐고 맷돌을 돌리듯이 한 방향으로 최대한 섞습니다.

5 도우가 단단하고 재료가 잘 섞이지 않는다면, 남겨놓은 우유를 조금씩 추
   가해 적절한 되기(사진 6) 상태가 되도록 골고루 섞습니다.

   *남겨놓은 우유를 더 넣지 않고도 되기가 맞다면, 안 넣어도 괜찮아요. 상황에 맞게 '되기'(수
   분량)를 맞추는 게 포인트예요.

6 밀가루를 묻힌 손으로 만졌을 때 부드럽게 살짝 늘어나는 정도면 완성입니다.

   *중력분을 사용하기 때문에 강력분으로 만들 때보다 도우의 탄성이 덜하고, 더 부드러운 느낌이
   들어요.

7   약간의 식용유로 도우 표면을 코팅합니다.
    *이렇게 해놓으면 나중에 다루기가 쉬워요.

8   젖은 면보로 도우를 덮은 뒤 실온의 테이블 위에서 15분간 발효합니다.

9   15분 뒤 사방으로 접기(폴딩 p.18)를 하고, 젖은 면보를 덮어 다시 15분간
    발효합니다.

10 15분 뒤 한 번 더 폴딩하고, 젖은 면보를 덮어 마지막으로 15분간 발효합
    니다.
    *【정리】①15분 발효 - ①폴딩 - ②15분 발효 - ②폴딩 - ③15분 발효

11 1차 발효 중 마지막 15분 동안 콘 토핑을 만들어둡니다. 옥수수캔 1통을 따서 체에 밭쳐 물기를 잘 털어내고, 양파는 가로세로 5mm 정도로 잘게 잘라 준비합니다.

12 콘 토핑에 들어가는 분량의 모든 재료를 한데 넣어 잘 섞습니다.

분할과 둥글리기

13 15분 뒤 1차 발효가 끝난 도우는 손가락 두 번째 마디까지 깊게 찔러도 되돌아오지 않으며, 안에 가스가 차서 폭신한 느낌이 듭니다.
   * 이때 도우에 탄성이 느껴진다면 폭신한 느낌이 들 때까지 시간을 추가해 더 발효해주세요.

14 도우를 10개(개당 약 60g)로 분할(p.19)해 원통형으로 둥글리기(p.22) 한 뒤, 젖은 면보를 덮어 10분간 휴지시킵니다.
   * 【휴지(벤치 타임)】 성형하기 쉽도록 도우가 느슨해지기를 기다리는 시간이에요. 휴지시킨 뒤 만져봤을 때 도우의 힘이 풀려 유연한 상태라면 성형을 시작해요.

15 휴지시키는 동안 소시지의 물기를 키친타월로 잘 제거합니다.
   * 물기가 남아 있으면 성형하기가 어려워요. 물기 때문에 도우가 잘 붙지 않거든요.

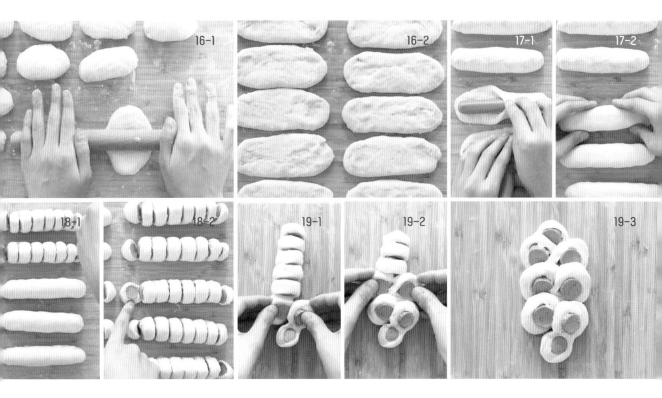

성형하기

* 성형을 시작하기 직전에 오븐을
200℃로 10~15분 정도 예열해요.

16 10분 뒤 도우가 느슨해졌다면, 밀대로 펴서 소시지를 감쌀 수 있을 정도의
    긴 모양으로 만든 뒤 매끈한 면을 바닥에 맞닿게 놓습니다.

17 소시지를 도우로 감싸 이음매를 잘 꼬집어서 닫아주고, 이음매가 아래를
    향하게 한 뒤 모양을 다듬어줍니다.

18 도우로 감싼 소시지가 완전히 잘리도록 '수직으로' 가위를 세워서 가위
    집을 7개 냅니다.

    * 밑부분의 도우만 살짝 남기고, 소시지는 완전히 잘릴 정도로 가위집을 내야 성형하기 편해요
    (사진 18-2).

19 가장 아랫부분과 윗부분만 뺀 나머지를 옆으로 날개처럼 펴서 낙엽 모양
    을 만든 뒤, 테프론시트나 종이호일을 깐 베이킹팬 위로 옮깁니다.

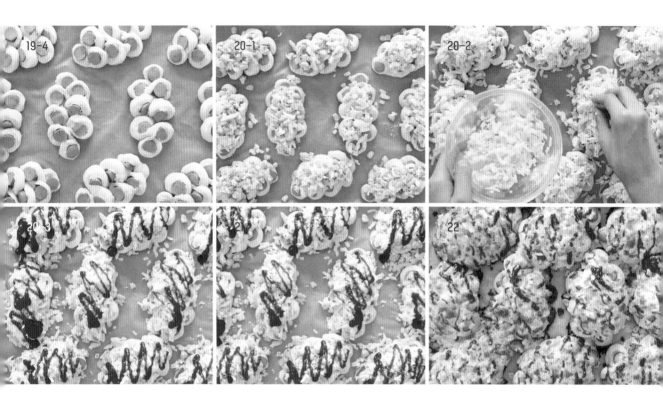

20　콘 토핑 → 치즈 → 케첩(지그재그로 뿌리기) → 파슬리가루 순서대로 올립니다.

＊케첩을 넉넉히 뿌리는 게 맛있어요.

21　200℃로 예열된 오븐에서 20~25분간 치즈가 노릇해질 정도로 굽습니다.

＊무반죽 소시지빵은 최종 발효 시간을 따로 두지 않고 바로 구워요. 성형하고, 토핑 뿌리는 시간 동안 구울 수 있을 정도로 최종 발효가 계속 진행되기 때문이에요.

22　구운 빵은 팬째 떨어뜨려 수증기를 내보내서 수축을 방지하고, 바로 식힘망 위로 옮겨 건조해지지 않게 합니다.

✦TIP : 시간의 여유가 있다면, 적은 양의 이스트로 천천히 발효시켜 빵의 품미를 높이는 '천천히 버전'으로 만들어보세요. 아래를 참고해 이스트의 양과 발효 시간만 다르게 적용하고, 나머지 공정은 모두 동일하게 진행합니다.

- 이스트를 3g(3/4작은술)으로 줄여서 사용합니다.

- 1차 발효 시, 30분/ 40분/ 30분 간격으로 폴딩합니다.

- 빠른 버전과 마찬가지로, 최종 발효하는 시간은 따로 갖지 않습니다.

· 도와주세요 ·
Q & A

Ⓠ : 소시지빵에 중력분을 사용한 이유가 있을까요? 강력분밖에 없는데, 강력분을 써도 될까요?

Ⓐ : 중력분을 사용하면 부드러운 빵이 되고, 강력분을 사용하면 좀 더 쫄깃한 빵이 됩니다. 이 레시피에서 중력분을 사용한 이유는 소시지빵에는 부드러운 빵이 잘 어울리기 때문이에요. 강력분만 갖고 있다면 강력분을 써도 상관 없습니다.

오트밀빵

오트밀이 듬뿍 들어가 마치 밥으로 치면 '현미 잡곡밥' 같은 빵입니다. 건강한 맛의 빵을
선호하는 분들에게 특히 인기가 많아요. 눈을 번쩍 뜨게 하는 강렬함은 없지만, 수수한
맛 하나로 이미 올타임 레전드랍니다. 토스트해서 버터를 살짝 발라 먹어도 맛있고, 샌드
위치 빵으로도 손색없어요.

재　　료 [길이 24cm 1개 분량]

오트밀 70g

물(오트밀용) 140g

물(도우용) 175g

인스턴트 드라이이스트 5g(1과 1/2작은술)

꿀(또는 설탕) 15g

소금 6g(1과 1/4작은술)

강력분 150g

통밀 150g

[코팅용] 식용유 약간

[덧가루용] 강력분(또는 중력분) 약간

[토핑용] 오트밀 약간

오　　븐

• 250℃로 예열된 오븐에서 10분간 굽다가 테프론시트(또는 쿠킹호일)를 제거한 뒤 230℃로 온도를 낮춰 13~20분 정도 더 굽습니다.
• 오븐과 환경에 따라 온도와 시간이 달라질 수 있으니, 제시된 온도와 시간을 바탕으로 '사진과 같은 색'이 나면 꺼내주세요.

1 오트밀의 입자를 확인합니다. 왼쪽이 작게 잘린 퀵 타입 오트밀(quick oats), 오른쪽이 입자가 큰 압착 오트밀(rolled oats) 입니다.

2 내열 용기에 오트밀과 분량의 물(140g)을 담아 퀵 타입 오트밀은 1분, 압착 오트밀은 2분간 전자레인지에 데웁니다.

3 전자레인지에 데운 뒤 주걱으로 골고루 섞었을 때, 반은 죽, 반은 오트밀 알갱이가 남아 있는 상태가 됩니다.

4 볼 안에 오트밀 죽과 물(175g)을 붓습니다. 이때 물은 다 넣지 않고 10~15g(㎖) 정도를 한쪽에 남겨놓으세요.

5 잘 섞은 뒤 만졌을 때 기분 좋게 따뜻한 정도(37~38℃ 전후)인지 확인합니다.
  *너무 뜨거우면 저어서 식혀요. 액체의 온도로 도우의 온도를 조절해요.

6 인스턴트 드라이이스트를 흩뿌린 뒤 살짝 흔듭니다.

7　꿀과 소금 → 밀가루의 순서대로 넣습니다. 주걱을 짧게 쥐고 맷돌을 돌리
　　듯이 한 방향으로 최대한 섞습니다.

8　도우가 단단하고 재료가 잘 섞이지 않는다면, 남겨놓은 물을 조금씩 추가
　　해 원하는 되기가 되도록 골고루 섞습니다.
　　＊오트밀 죽이 들어가 흡수가 느려서 처음에는 잘 안 섞이고 된 것 같아 보이지만, 시간이 흐를
　　수록 점점 질어져요. 그러니 물을 너무 많이 넣지 않도록 주의하세요.

9　밀가루를 묻힌 손으로 만졌을 때 찐득하면서 살짝 끊어지는 느낌의 도우
　　로 완성됩니다.
　　＊오트밀 죽과 통밀이 많이 들어가 일반 도우와는 다르게 다소 끊기는 느낌이 들어요.

10　약간의 식용유로 도우 표면을 코팅합니다.
　　＊이렇게 해놓으면 나중에 다루기가 쉬워요.

11　도우를 젖은 면보로 덮은 뒤 실온의 테이블 위에서 15분간 발효합니다.

12　15분 뒤 사방으로 접기(폴딩 p.18)를 하고, 젖은 면보를 덮어 다시 15분간
　　발효합니다.

13 15분 뒤 한 번 더 폴딩하고, 젖은 면보를 덮어 마지막으로 15분 더 발효합
    니다.

    *【정리】①15분 발효 - ①폴딩 - ②15분 발효 - ②폴딩 - ③15분 발효

14 15분 뒤 1차 발효가 끝난 도우는 손가락 두 번째 마디까지 깊게 찔러도 되
    돌아오지 않으며, 안에 가스가 차서 폭신한 느낌이 듭니다.

    * 이때 도우에 탄성이 느껴진다면 폭신한 느낌이 들 때까지 시간을 추가해 더 발효해주세요.

성형하기

15 도마 위에 덧가루를 뿌린 뒤 도우를 올리고, 가스를 빼서 균일한 두께의
    직사각형(약 가로 20cm, 세로 15cm)으로 만듭니다.

16 도우의 매끈한 면이 아래에 맞닿게 놓고, 봉투처럼 가운데를 향해 1/4씩
    접어서 이음매를 붙입니다.

17   맨 위를 접어서 심을 만들고, 아래로 4~5회 정도 말아서 내려옵니다.

     * 좀 더 가운데로 모아주듯 말면, 좀 더 봉긋한 오트밀빵이 돼요.

18   모양을 다듬어줍니다.

19   도우 표면에 접착제 역할을 하도록 물을 뿌린 뒤, 오트밀에 굴려 겉표면 전체에 오트밀을 묻히고 테프론시트나 종이호일을 깐 베이킹팬 위에 올립니다.

최종 발효와 굽기

20   원활히 발효되도록 분무기로 촉촉하게 물을 3회 정도 뿌리고, 오븐으로 따뜻한 환경을 조성한 뒤 팬을 넣고 15분간 최종 발효를 합니다.

     * 【오븐으로 따뜻한 발효 환경 만들기】 따뜻한 물을 오븐 안에 넣고 문을 닫은 뒤 180℃로 오븐 온도를 설정해 30~50초간 공회전한 다음 오븐을 끄세요. 이때 오븐 안의 목표 온도는 약 38℃ 전후이며, 손으로 오븐 안 공기를 느껴봤을 때 '한여름 공기처럼 덥다'라는 느낌이 들면 돼요. 너무 뜨거우면 기다리고, 너무 미적지근하면 시간을 추가해 데워주세요. 오븐마다 이렇게 데워지는 데 걸리는 시간은 다를 수 있어요.

21   15분 뒤 도우를 꺼내고, 오븐을 250℃(또는 오븐의 최고 온도)로 15분 정도 예열합니다. 그사이 도우는 젖은 면보를 덮어 실온에 둡니다.

     * 이때 도우는 많이 부풀어 들어서 흔들어보면 살짝 흔들려요.

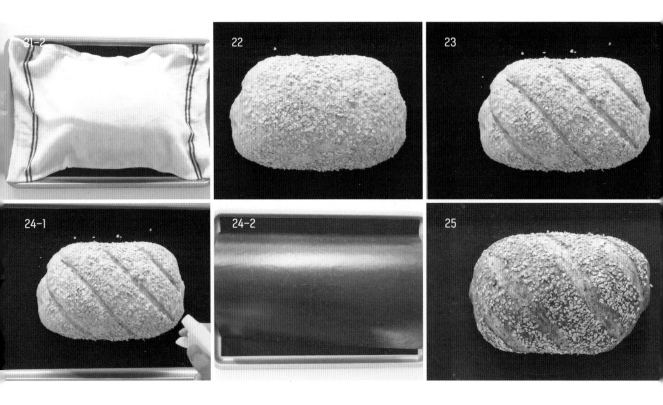

22　약 15분 뒤 오븐이 예열되면 최종 발효가 끝납니다. 이때 도우는 더 부풀어서 흔들어보면 더욱 출렁거리는 느낌이 듭니다.

23　3~5mm 두께의 칼집을 사선으로 3~4개 냅니다.

24　도우 표면에 물을 20회 정도 듬뿍 분무한 뒤, 테프론시트를 덮어 250℃에서 10분간 굽습니다. 10분 뒤, 테프론시트를 제거하고 230℃로 온도를 낮춰 추가로 13~20분 정도 사진과 같은 갈색빛이 날 때까지 구워냅니다.
　　＊오븐에 따라 걸리는 시간이 다를 수 있어요. 색을 잘 확인하면서 구우세요.

25　구운 빵은 팬째 떨어뜨려 수증기를 내보내서 수축을 방지하고, 바로 식힘망 위로 옮겨 건조해지지 않게 합니다.

·도와주세요·
Q&A

Ⓠ : '천천히 버전'의 오트밀빵은 없나요? '천천히 버전'으로 하면 더 맛있을까요?

Ⓐ : 오트밀빵은 '천천히 버전'(1차 발효 시간 약 100분)보다 '빠른 버전'(1차 발효 시간 약 45분)으로 만드는 것이 맛있어요. 오트밀의 향을 더 많이 느낄 수 있고 맛이 깔끔하게 좋답니다. 그러니 '천천히 버전'은 따로 소개하지 않을게요.

Ⓠ : 오븐의 최고 온도가 220℃(또는 200~230℃)일 경우에는 어떻게 해야 하나요?

Ⓐ : 그럴 때는 오븐의 최고 온도로 처음부터 끝까지 구우세요. 테프론시트(또는 쿠킹호일)를 씌워서 굽다가 15분 뒤(원래는 10분 뒤) 제거합니다. 그러고는 사진 속 빵처럼 '갈색'이 될 때까지 시간을 추가해 굽습니다. 온도가 낮으므로 레시피에서 제시한 시간보다 더 많이 걸릴 수 있어요. 단, 낮은 온도로 더 오래 구우면 빵 볼륨이 살짝 작게 나오고, 껍질이 더 두꺼워질 수 있답니다.

부시맨브레드

아웃백의 식전 빵인 부시맨브레드, 여러분도 좋아하시나요? 부시맨브레드를 안 먹어본 사람은 있어도 한 번만 먹어본 사람은 없을 거예요. 선풍적인 인기를 끌었던 그 빵을 이제 집에서도 즐겨보세요. 반죽을 치대지 않고 만드는 방법으로, 재료의 양과 공정을 조정해 최대한 비슷한 맛을 낼 수 있도록 레시피를 만들어보았답니다.

재　　료 [4개 분량]

물 170g

우유 35g

인스턴트커피(알 커피) 2g(1/2작은술)

＊커피는 계량스푼을 사용하세요. 자칫 많이 넣으면 커피 맛이 너무 강할 수 있어요.

＊카누나 베트남 커피처럼 진한 타입의 커피는 1g으로 줄여 소량만 사용해요.

꿀(또는 물엿, 올리고당) 17g

인스턴트 드라이이스트 5g(1과 1/2작은술)

황설탕(또는 백설탕, 흑설탕, 머스코바도 설탕) 45g

소금 5g(1작은술)

중력분 210g

통밀가루 80g

코코아파우더 10g

＊발로나 코코아파우더의 경우는 맛이 강하니, 8g으로 줄여 사용하세요.

실온의 버터(p.13) 또는 식용유 30g

[데커레이션] 콘밀(선택 사항)

＊콘밀은 굵은 입자의 옥수수가루예요.

[허니버터]

실온의 부드러운 버터 40g

꿀 20g

＊버터와 꿀의 비율은 약 2:1이 맛있어요.

＊무염버터와 가염버터 둘 다 사용 가능하지만, 개인적으로는 가염버터로 만든 게 더 맛있었어요.

[코팅용] 식용유 약간

[덧가루용] 중력분(또는 강력분) 약간

오　　븐

• 170℃로 예열된 오븐에서 20~23분 정도 굽습니다.

1 내열 용기에 분량의 우유, 커피, 꿀, 물을 담습니다. 이때 물은 다 넣지 않고 10~15g(㎖) 정도를 한쪽에 남겨놓으세요.

2 1을 전자레인지에 30초간 데운 뒤 커피와 꿀을 잘 섞습니다.

3 만졌을 때 기분 좋게 따뜻한 정도(37~38℃ 전후)인지 확인합니다.
   *너무 뜨거우면 저어서 식혀요. 액체의 온도로 도우의 온도를 조절해요.

4 볼 안에 잘 섞은 액체류를 붓고, 인스턴트 드라이이스트를 표면 위에 뿌린 뒤 살짝 흔듭니다.

5 4에 설탕과 소금을 먼저 넣고, 가루류(중력분, 통밀가루, 코코아파우더)를 체 쳐서 넣습니다.
   *설탕이 돌처럼 굳어 있다면 잘 녹여주세요. 안 그러면 잘 섞이지 않아요.
   *원래 발효빵에 넣는 가루류는 체에 치지 않아도 되지만, 코코아파우더를 넣어 무반죽법으로 만들기 위해서는 다른 가루와 함께 체에 쳐서 넣어야 골고루 잘 섞여요. 많은 시행착오를 통해 안정화한 이 레시피의 포인트예요.
   *체 치고 난 뒤 통밀의 밀기울만 남았다면 그것도 다 털어 넣어주세요.

6 주걱을 짧게 쥐고 맷돌을 돌리듯이 한 방향으로 최대한 섞습니다.

7 도우가 단단하고 재료가 잘 섞이지 않는다면, 남겨놓은 물을 조금씩 추가해 적절한 되기(사진 8) 상태가 되도록 골고루 섞습니다.

   * 남겨놓은 물을 다 넣고도 되다면, 추가로 물을 1~2술씩 더 넣으세요. 상황에 맞게 '되기'(수분량)를 맞추는 게 포인트예요.

   * 밀가루, 통밀가루, 코코아파우더는 각각 제조사와 보관 환경에 따라 필요한 물의 양이 달라져요. 우리밀은 더 쉽게 질어지니 주의하세요.

8 밀가루 묻힌 손으로 도우를 만졌을 때 쫀득하면서 살짝 늘어나는 정도면 완성입니다.

9 도우를 젖은 면보로 덮은 뒤 실온의 테이블 위에 10분간 둡니다.

10 10분 뒤 부드러운 실온의 버터를 '짜내듯이' 흡수시켜 섞습니다.

   * 점점 기름기가 사라지다가 손에 달라붙고 끈적이는 느낌이 들기 시작하면 다 섞인 거예요.

   * 이 빵에는 코코아파우더가 들어가기 때문에 처음부터 유지(버터나 오일)를 함께 넣으면 재료들이 골고루 잘 섞이지 않아요.

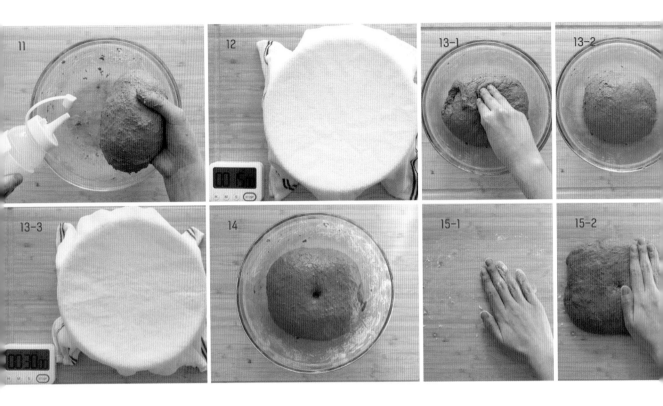

11 약간의 식용유로 도우 표면을 코팅합니다.
　＊이렇게 해놓으면 나중에 다루기가 쉬워요.

12 젖은 면보로 도우를 덮은 뒤 실온의 테이블 위에서 15분간 발효합니다.

13 15분 뒤 사방으로 접기(폴딩 p.18)를 하고, 젖은 면보를 덮어 다시 30분간
　발효합니다.
　＊【정리】①15분 발효 - ①폴딩 - ②30분 발효
　＊살짝 묵직한 식감을 재현하기 위해 이번 레시피에서 폴딩은 1회만 진행해요.

분할과 둥글리기

14 30분 뒤 1차 발효가 끝난 도우는 손가락 두 번째 마디까지 깊게 찔러도 되
　돌아오지 않으며, 안에 가스가 차서 폭신한 느낌이 듭니다.
　＊이때 도우에 탄성이 느껴진다면 폭신한 느낌이 들 때까지 시간을 추가해 더 발효해주세요.

15 덧가루를 뿌린 작업대에 도우를 올리고 가스를 살짝 뺀 뒤 4등분(개당 약
　150g)합니다.

16 한 덩어리씩 둥글리기(p.20)를 합니다. 가스를 빼고 모양을 예쁘게 잡을
수 있도록 도우를 정리하는 작업입니다.

　＊너무 타이트하게 하지 말고, 도우의 폭신함을 살린다는 느낌으로 해주세요. 부시맨브레드는
　도우의 탄력이 강해지면 예쁘게 성형하기 어려워요.

17 둥글리기가 끝난 도우는 젖은 면보를 덮어서 15분간 휴지시킵니다.

　＊휴지시키면 도우가 성형하기 쉬운 말랑한 상태로 돌아와요.

18 15분 뒤 도우를 손으로 평평하게 펴서 긴 타원형(길이 약 12cm)으로 만
듭니다. 매끈한 면이 아래를 향하도록 뒤집은 뒤 다시 5분간 젖은 면보
를 덮어 휴지시킵니다.

　＊이 빵은 균열(옆구리 터짐)이 생기기 쉬운 스타일이에요. 그래서 최대한 탄력을 낮춘 상태(최
　대한 유연한 상태)에서 성형하기 위해, 번거롭지만 한 번 더 휴지시키면 좋아요. 5분간 다시 휴
　지시키지도 않아도 빵을 만들 수 있지만, 부시맨브레드의 옆구리가 터질 확률이 높아요. 만약
　도우가 '질게' 완성되었다면 휴지를 하지 않아도 괜찮아요.

성형하기

19 5분 뒤 빵 성형을 시작합니다. 도우의 폭신함을 느끼며 위에서 아래로 1/3 정도 접어 내립니다.

20 다시 한번 도우의 폭신함을 느끼며 아래서 위로 올려 꼼꼼하게 붙입니다.

21 모양을 살짝 다듬어 길이 약 13.5cm의 고구마 모양으로 완성합니다.

　　＊타이트하게 하지 않고 폭신함을 느끼면서 해야 도우의 느슨한 상태가 유지되어 옆면 터짐 현상이 줄어들어요. 이음매도 꼭 꼼꼼하게 닫아주세요.

22 콘밀을 작업대 위에 펼친 뒤 도우의 윗면과 옆면에 묻힙니다. 표면이 말랐다면, 물을 살짝 뿌린 뒤 묻히면 잘 묻습니다.

　　＊콘밀이 없다면 잘게 자른 오트밀을 묻히거나 이 과정을 생략한 뒤, 굽기 직전에 밀가루를 체로 쳐서 뿌려주세요.

최종 발효하기

23 빵 표면 전체가 다 젖을 정도로 물을 분무한 뒤, 젖은 면보를 덮어 실온의 테이블 위에서 약 25~30분간 최종 발효합니다.

　　＊발효 시작 15분 뒤 오븐 예열을 시작하세요. 170℃로 약 10~15분간 예열해요.

24   25~30분 뒤 젖은 손으로 도우의 표면을 찔렀을 때 자국이 살짝 남는지 확인합니다. 자국이 살짝 남는다면 구울 타이밍입니다.

굽기

25   표면이 골고루 젖을 정도로 8회 정도 분무한 뒤 예열된 오븐 안에 넣습니다.

26   팬을 오븐 안에 넣고 오븐 안쪽에도 8회 정도 재빠르게 분무한 뒤, 170℃로 예열된 오븐에 약 20~23분간 굽습니다.

       *이렇게 수분을 더하면, 빵 옆면에 균열이 생기는 걸 더욱 방지할 수 있어요.

27   구운 빵은 팬째 떨어뜨려 수증기를 내보내서 수축을 방지하고, 바로 식힘망 위로 옮겨 건조해지지 않게 합니다.

       *부시맨브레드는 구운 당일에도 맛있지만, 다음 날에 먹으면 우리가 기억하는 그 맛에 더 가까워요.

허니버터 만들기

28   부드러운 실온의 버터에 꿀을 넣고 잘 섞습니다.

       *꿀의 양은 취향에 따라 가감해요. 개인적으로는 꿀을 넉넉히 넣는 쪽이 맛있었어요.

Q & A

Q : 코코아 맛이 너무 강해요.

A : 코코아파우더 제조사에 따라 맛의 차이가 있을 수 있습니다. 너무 강하다면 코코아파우더의 양을 살짝 줄여서 사용해보세요.

Q : 커피 맛이 너무 강해요.

A : 알 커피 제조사나 브랜드에 따라 쓴맛의 정도가 다를 수 있습니다. 한 번 해보고 너무 쓰게 느껴진다면, 자신이 갖고 있는 커피 제품에 맞는 적정량으로 조절해서 사용해보세요. 저는 네스카페의 알 커피(인스턴트커피)를 사용하고 있어요. 인스턴트커피는 즉각적으로 물에 녹여 사용할수 있게 나온 제품으로, 보통 유리병에 커피 알만 들어 있어서 '알 커피'라고도 부릅니다.

Q : 도우가 너무 질게 완성됐어요.

A : 소개한 레시피에는 제조사나 제품별로 수분량 편차가 큰 '통밀'이 들어가기 때문에 더욱더 각 필요한 물의 양이 다를 수 있어요. 하지만 물의 양을 잘못 조절해서 레시피보다 질게 완성됐어도 괜찮아요. 너무 질게 된 것이 아니라면 그냥 진행해도 됩니다. 만약, 말도 안 되게 질다 싶으면 밀가루를 좀 더 추가한 뒤 흡수시켜 되기를 조절해보세요.

Q : 커피믹스를 써도 되나요?

A : 커피믹스 안에 들어 있는 설탕과 프림은 제외하고, 커피 알맹이만은 사용 가능해요.

Q : 우리밀 중력분을 썼는데, 도우가 너무 진 것 같아요.

A : 우리밀을 사용하면 일반 밀(보통의 수입 밀)보다 도우가 질게 완성됩니다. 즉, 우리밀은 액체류(수분)를 덜 필요로 한다는 뜻이에요. 따라서 물은 초반에 140g만 사용한 뒤(정량보다 30g 더 적게), 나중에 '되기'를 보면서 수분의 양을 조절합니다. 이때 실제 사용했던 물의 양을 메모해두면, 다음번엔 더 원활하게 베이킹을 진행할 수 있을 거예요. 이 원리는 다른 레시피에도 똑같이 적용됩니다. 우리밀을 처음 사용할 때는 늘 '액체의 양'에 유의하면서 도우를 완성해보세요.

단팥빵

팥만큼 전통적이면서도 현대적인 디저트 재료가 있을까요? 시간이 지나도 여전히 사랑
받는 단팥빵을 무반죽법으로 만나보세요. 도우를 치대지 않아 힘은 덜 들고, 먹기 좋은
아담한 크기에 팥소가 듬뿍 들어가 두 배로 맛있답니다. 맛있는 팥소만 있으면 단팥빵
만들기가 이렇게나 쉬워요.

재　　료 [10개 분량]

우유 150g

실온의 달걀물 40g(달걀 1개가 약 50g)

인스턴트 드라이이스트 5g(1과 1/2작은술)

설탕 40g

소금 4g(3/4작은술)

녹인 버터 40g

＊버터를 전자레인지로 10~15초간 데운 뒤 녹
　여서 준비해요.

강력분 250g

팥소 500g(개당 50g씩 10개)

＊냉장고에 차갑게 보관했다가 사용하는게 다
　루기 쉬워요.

[에그 워시]

달걀물 10g

우유 1작은술

[코팅용]

식용유 약간

우유 약간

[덧가루용] 강력분(또는 중력분) 약간

[데커레이션] 검은깨 약간

오　　븐

• 190℃로 예열된 오븐에서 11~15분 정도 굽습니다.

• 오븐과 환경에 따라 온도와 시간이 달라질 수 있으니, 제시된 온도와 시간을
바탕으로 '사진과 같은 색'이 나면 꺼내주세요.

믹싱과 1차 발효하기

1 실온의 달걀 1개(약 50g)를 깨서 풉니다.

2 내열 용기에 분량의 우유를 담아 전자레인지로 35~40초간, 만졌을 때 살짝 뜨거울 정도로 데웁니다.

3 볼 안에 데운 우유를 붓습니다. 이때 다 넣지 않고 10~15g(㎖) 정도를 한쪽에 남겨놓으세요

4 달걀물 40g을 계량해 3에 넣고 잘 섞습니다.
   *남은 달걀물 약 10g은 에그 워시를 만들 때 써요.

5 만졌을 때 기분 좋게 따뜻한 정도(37~38℃ 전후)인지 확인합니다.
   *너무 뜨거우면 저어서 식혀요. 액체의 온도로 도우의 온도를 조절해요.

6 인스턴트 드라이이스트를 표면에 흩뿌리고 살짝 흔듭니다.

7   설탕과 소금 → 녹인 버터 → 밀가루의 순서대로 넣습니다. 주걱을 짧게 쥐
    고 맷돌을 돌리듯이 현재의 수분량으로 최대한 섞습니다.

8   도우가 단단하고 재료가 잘 섞이지 않는다면, 남겨놓은 우유를 조금씩 추
    가해 적절한 되기(사진 9) 상태가 되도록 골고루 섞습니다.

    *남겨놓은 우유를 더 넣지 않고도 되기가 맞다면, 안 넣어도 괜찮아요. 상황에 맞게 '되기'[수
    분량]를 맞추는 게 포인트예요.

9   밀가루를 묻힌 손으로 만졌을 때 쫀득하면서 살짝 늘어나는 정도면 완성
    입니다.

    *단팥빵 도우는 일반적인 빵 도우(모닝빵 기준)보다 끈적하고 진 편이에요.

10 약간의 식용유로 도우 표면을 코팅합니다.

    *이렇게 해놓으면 나중에 다루기가 쉬워요.

11 젖은 면보로 도우를 덮은 뒤 실온의 테이블 위에서 15분간 발효합니다.

12 15분 뒤 사방으로 접기(폴딩 p.18)를 하고, 젖은 면보를 덮어 다시 15분간
    발효합니다.

    *도우가 진 편이라 깔끔하게 폴딩하기 어려울 수 있지만, 개의치 말고 접다 보면 점점 탄력이
    생기는 게 느껴질 거예요.

13 15분 뒤 한 번 더 폴딩하고, 젖은 면보를 덮어 마지막으로 15분 더 발효합
    니다.

    *【정리】①15분 발효 - ①폴딩 - ②15분 발효 - ②폴딩 - ③15분 발효

분할과 성형하기

14 15분 뒤 1차 발효가 끝난 도우는 손가락 두 번째 마디까지 깊게 찔러도 되
    돌아오지 않으며, 안에 가스가 차서 폭신한 느낌이 듭니다.

    *이때 도우에 탄성이 느껴진다면 폭신한 느낌이 들 때까지 시간을 추가해 더 발효해주세요.

15 도우를 10개(개당 약 52g)로 분할해 둥글리기(p.19~20) 한 뒤 젖은 면보를
    덮어 10분간 휴지시킵니다.

    *【휴지(벤치 타임)】성형하기 쉽도록 도우가 느슨해지기를 기다리는 시간이에요. 휴지시킨 뒤
    만져봤을 때 도우의 힘이 풀려 유연한 상태라면 성형을 시작해요.

16   기다리는 10분 동안, 팥소를 개당 50g씩 10개로 동그랗게 빚어 냉장고에 보관해놓습니다.

        *1차 발효하는 중에 미리 준비해도 좋아요.

17   10분 뒤 도우가 느슨해졌다면, 손바닥으로 눌러 도우를 펴고 매끈한 면을 바닥에 맞닿게 놓은 뒤, 가운데 부분이 바깥 테두리보다 더 오목하게 되도록 눌러줍니다.

18   팥소를 가운데에 올린 뒤 위아래로 도우를 잡아당겨 가운데서 붙이고, 다시 90° 회전시켜 위아래로 잡아당겨 붙입니다.

19   대각선 방향으로도 모아서 붙인 뒤 손을 오므려서 봉긋한 모양을 만듭니다.

최종 발효하기

20   테프론시트나 종이호일을 깐 베이킹팬 위에 이음매가 아래를 향하도록 도우를 올립니다. 원활히 발효되도록 표면에 촉촉하게 물을 뿌리고, 오븐으로 따뜻한 환경을 조성한 뒤 팬을 넣고 약 20분간 최종 발효합니다.

        *【오븐으로 따뜻한 발효 환경 만들기】 따뜻한 물을 오븐 안에 넣고 문을 닫은 뒤 180℃로 오븐 온도를 설정해 30~50초간 공회전한 다음 오븐을 끄세요. 이때 오븐 안의 목표 온도는 약 38℃ 전후이며, 손으로 오븐 안 공기를 느껴봤을 때 '한여름 공기처럼 덥다'라는 느낌이 들면 돼요. 너무 뜨거우면 기다리고, 너무 미적지근하면 시간을 추가해 데워주세요. 오븐마다 이렇게 데워지는 데 걸리는 시간은 다를 수 있어요.

21   20분 뒤 도우를 꺼내고, 오븐을 190℃로 10~15분 정도 예열합니다. 그사이 도우는 젖은 면보를 덮어서 실온에 둡니다.

       *도우가 꽤 부풀어, 표면이 늘어난 모습을 볼 수 있어요.

굽기

22   10~15분 뒤 오븐 예열이 끝나면, 물 묻은 손가락으로 표면을 눌러 자국이 남는지 확인합니다.

       *자국이 남으면 구워도 되는 타이밍이에요.

23   남겨놓은 달걀물(10g)과 우유(1작은술)를 잘 섞어 에그 워시를 만든 다음 도우 표면에 코팅하듯 바릅니다.

24   검은깨로 장식한 뒤, 190℃로 예열된 오븐에서 11~15분 정도 굽습니다.

25   구운 빵은 팬째 떨어뜨려 수증기를 내보내고, 식힘망으로 옮겨 식힙니다.

       *온기가 살짝 있을 때 먹으면 정말 맛있어요.

◆ TIP : 시간의 여유가 있다면, 적은 양의 이스트로 천천히 발효시켜 빵의 풍미를 높이는 '천천히 버전'으로 만들어보세요. 아래를 참고해 이스트의 양과 발효 시간만 다르게 적용하고, 나머지 공정은 모두 동일하게 진행합니다.

- 이스트를 3g(3/4작은술)으로 줄여 사용합니다.

- 1차 발효 시, 30분/ 40분/ 30분 간격으로 폴딩합니다.

- 최종 발효 시, 오븐에서 발효하는 시간 기준을 25분 정도로 잡습니다.

· 도와주세요 ·
Q & A

Q : 팥소를 냉장고에 차갑게 보관했다가 써야 하는 이유가 있나요?

A : 팥소는 사용하기 하루 전쯤 미리 냉장고에 넣어 차갑게 해두면 단단해져서 다루기가 한결 쉬워요. 보통 구매하고 개봉한 적이 없는 팥소를 실온에 보관하는 경우가 많은데, 실온에 보관한 팥소는 물렁해서 성형하기가 어렵답니다. 그러므로 팥소는 냉장고에 넣어 차갑게(단단하게) 만든 뒤 사용하는 걸 추천해요.

크림치즈 호두빵

고소한 호두와 부드러운 크림치즈 조합은 웬만해선 참을 수 없어요. 부드럽고 말랑한 빵속에 꽉 들어찬 크림치즈는, 이미 아는 맛인데도 자꾸만 궁금해집니다. 레시피를 찬찬히 따라가면서 베이커리 스타일의 동그란 크림치즈 호두빵에 도전해보세요.

재   료 [7개 분량]

우유 50g

물 50g

실온의 달걀 1개(50g)

*달걀이 클 경우, 달걀물을 50g만 재서 사용하
세요. 큰 달걀 1개가 다 들어갈 경우, 도우가
질어지는 원인이 돼요.

인스턴트 드라이이스트 2g(1/2작은술)

설탕 30g

소금 4g(3/4작은술)

녹인 버터 15g

*버터를 전자레인지로 10~15초간 데운 뒤 녹
여서 준비해요.

중력분 220g

*강력분도 가능해요. 강력분으로 만들면 더 쫄
깃한 빵이 돼요.

작게 자른 호두 40g

*전처리한 호두를 추천해요.(p.26)

[크림치즈 필링]

실온의 크림치즈 250g

*실온에 미리 꺼내놓거나 전자레인지로 데워
서 부드러운 상태로 준비해요.

슈거파우더(또는 설탕) 30g

[데커레이션] 호두(반태) 7개

*호박씨를 활용해도 귀여워요.

[코팅용] 식용유 약간

[덧가루용] 중력분(또는 강력분) 약간

오   븐

• 180℃로 예열된 오븐에서 약 14~17분간 굽습니다.
• 오븐과 환경에 따라 온도와 시간이 달라질 수 있으니, 제시된 온도와 시간을
바탕으로 '사진과 같은 색'이 나면 꺼내주세요.

믹싱과 1차 발효하기

1 내열 용기에 분량의 우유와 물을 담아 전자레인지로 약 25초간, 만졌을 때 살짝 뜨거울 정도로 데웁니다.

2 볼 안에 데운 우유와 물을 붓습니다. 이때 다 넣지 않고 10~15g(㎖) 정도를 한쪽에 남겨놓으세요.

3 실온의 달걀(50g) 1개를 풀어 2에 넣고 잘 섞습니다.

4 만졌을 때 기분 좋게 따뜻한 정도(37~38℃ 전후)인지 확인합니다.
  * 너무 뜨거우면 저어서 식혀요. 액체의 온도로 도우의 온도를 조절해요.

5 인스턴트 드라이이스트를 표면에 흩뿌리고 살짝 흔듭니다.

6 설탕과 소금 → 녹인 버터 → 밀가루 → 호두의 순서대로 넣습니다. 주걱을 짧게 쥐고 맷돌을 돌리듯이 현재의 수분량으로 최대한 섞습니다.

7   도우가 단단하고 재료가 잘 섞이지 않는다면, 남겨놓은 액체류를 조금씩 추가해 적절한 되기(사진 8) 상태가 되도록 골고루 섞습니다.

    *남겨놓은 액체류를 다 넣고도 되다면, 추가로 물을 1~2술씩 더 넣으세요. 상황에 맞게 '되기'(수분량)를 맞추는 게 포인트예요.

8   밀가루를 묻힌 손으로 만졌을 때 쫀득하면서 살짝 늘어나는 정도면 완성입니다.

    *중력분으로 만들기 때문에 강력분으로 만들 때보다 도우의 탄성이 덜한 느낌이 들어요.

9   약간의 식용유로 도우 표면을 코팅합니다.

    *이렇게 해놓으면 나중에 다루기 쉬워요.

10 도우를 젖은 면보로 덮은 뒤 실온의 테이블 위에서 30분간 발효합니다.

    *1차 발효하는 첫 30분 동안 크림치즈 필링을 미리 만들어둬요.

11 30분 뒤 사방으로 접기(폴딩 p.18)를 하고, 젖은 면보를 덮어 다시 40분간 발효합니다.

12　40분 뒤 한 번 더 폴딩하고, 젖은 면보를 덮어 마지막으로 30분 더 발효합
　　니다.

　　＊【정리】① 30분 발효 - ① 폴딩 - ② 40분 발효 - ② 폴딩 - ③ 30분 발효

크림치즈 필링 만들기

＊ 1차 발효하는 첫 30분 동안 미
리 만들어요.

13　실온의 부드러운 크림치즈를 주걱으로 풀어줍니다. 크림치즈가 차갑다
　　면, 전자레인지에 살짝 데워서 부드럽게 만든 뒤 사용해도 좋습니다.

14　크림치즈에 슈거파우더(또는 설탕)를 넣어 잘 섞습니다.

15　사각 그릇에 담아 냉장실에 넣어 차갑게 합니다.

　　＊ 차가워야 단단해져서 나중에 다루기 편해요.

　　＊ 사각 그릇은 꼭 사진과 같은 형태가 아니라도 괜찮아요. 대략 비슷한 것을 사용하세요.

분할과 성형하기

16　30분 뒤 1차 발효가 끝난 도우는 손가락 두 번째 마디까지 깊게 찔러도 되
　　돌아오지 않으며, 안에 가스가 차서 폭신한 느낌이 듭니다.

　　＊ 이때 도우에 탄성이 느껴진다면 폭신한 느낌이 들 때까지 시간을 추가해 더 발효해주세요.

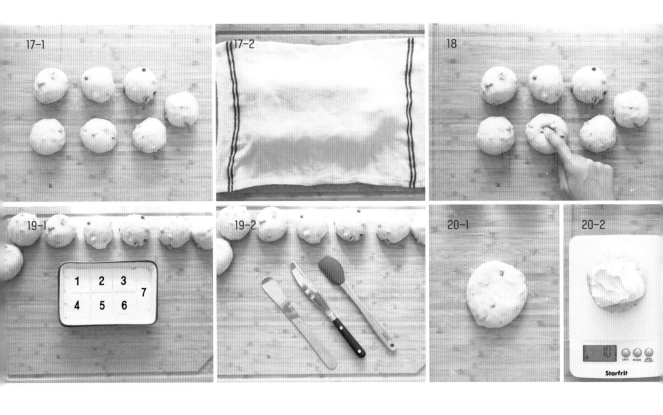

17 도우를 7개(개당 약 65g)로 분할해 둥글리기(p.19~20) 한 뒤, 젖은 면보를 덮어 10분간 휴지시킵니다.

18 10분 뒤 손으로 눌렀을 때 푹 들어갈 정도로 도우가 느슨해졌다면, 크림치즈 필링을 넣을 때입니다.

19 크림치즈 필링을 냉장고에서 꺼내 양이 균등해지도록 7개의 구획으로 나눕니다.
   ＊앙금헤라, 식사용 나이프, 작은 스패튤러 중 갖고 있는 도구를 사용해 필링을 넣어주세요.

20 손바닥으로 눌러 도우를 펴고 매끈한 면을 바닥에 맞닿게 한 뒤, 크림치즈(개당 약 40~45g)를 넣고 감싸서 잘 닫아줍니다.
   ＊사각 그릇의 크림치즈를 7개 구획으로 나눠서 한 덩어리씩 사용해요. 도우와 합쳐서 총 무게가 105~110g이 돼요.
   ＊도마 위에 내려놓고 감싸는 방법과 손으로 움켜진 뒤 눌러가며 감싸는 방법 중 편한 것으로 해보세요.

21 끈적이지 않도록 덧가루를 살짝 묻힌 뒤 손바닥으로 눌러 두께 약 2.5cm 의 호떡 모양으로 만듭니다.

최종 발효와 굽기

22 성형한 도우를 테프론시트나 종이호일을 깐 베이킹팬에 올린 뒤, 젖은 면 보를 덮어 실온의 테이블 위에서 약 20분간 최종 발효합니다.

＊최종 발효 시간이 짧아서 오븐을 이용한 발효는 하지 않아요.

＊성형이 끝나면 오븐을 180℃로 10~15분 정도 예열해요.

23 최종 발효가 끝난 도우는 물이나 밀가루를 묻힌 손가락으로 표면을 눌 렀을 때 천천히 되돌아오면서 자국이 살짝 남습니다.

＊자국이 남을 만큼 부풀지 않았다면 더 기다려요.

24 최종 발효가 잘되었다면 윗면에 호두(반태)를 올린 뒤 살짝 누릅니다. 호두 대신 호박씨로 꽃 모양을 만들어 장식해도 좋습니다.

25 그 위에 테프론시트(또는 종이호일)를 올리고, 베이킹팬을 하나 더 얹은 뒤 살짝 눌러 밀착합니다.

26 180℃로 예열된 오븐에서 14~17분 정도, 사진과 같은 노릇한 색이 될 때까지 굽습니다.

27 베이킹팬과 테프론시트를 제거한 뒤 팬째 살짝 떨어뜨려서 수축을 예방하고, 바로 식힘망으로 옮겨 건조해지지 않게 합니다.

*15분이 지나면 어느 정도 식어요. 단팥빵은 따뜻할 때 먹으면 더 맛있어요.

◆TIP : 빨리 만들고 싶다면, 이스트의 양을 늘려 빨리 발효하는 '빠른 버전'으로 만들어보세요. 아래를 참고해 이스트의 양과 발효 시간만 다르게 적용하고, 나머지 공정은 모두 동일하게 진행합니다.

- 이스트를 4g(1작은술)으로 늘려 사용합니다.

- 1차 발효 시, 15분/ 15분/ 15분 간격으로 폴딩합니다.

- 최종 발효 시, 발효 시간 기준을 18분 정도로 잡습니다.

· 도와주세요 ·
Q & A

Q : 빵 위에 올릴 베이킹팬이 없으면 어떻게 해야 하나요?

A : 베이킹팬이 없다면 굳이 누르지 않아도 괜찮아요. 베이킹팬으로 누르는 대신, 도우를 둥글게 성형한 뒤 표면에 십자 가위집을 내서 구워보세요. 모양도 예쁘고 맛도 좋답니다.

Q : 빵 옆구리가 자꾸 터져서 크림치즈가 흘러 나와요.

A : 크림치즈가 한쪽에 치우쳐서 감싸졌을 경우(도우의 어느 쪽은 얇고 어느 쪽은 두꺼울 경우) 옆구리가 터집니다. 크림치즈를 감쌀 때, 도우 가운데에 크림치즈 덩어리가 위치하도록 좀 더 균일하게 감싸보세요.

탕종 식빵

오래도록 촉촉하고 말랑한 식빵의 비법은 무엇일까요? 해답은 바로 탕종에 있어요. 탕종은 밀가루풀을 말해요. 이 탕종이 수분을 붙잡아두어 노화가 느리고 오랜 시간 촉촉함을 유지하는 식빵이 탄생되는 것입니다. 쌀밥처럼 오래도록 물리지 않는 식빵을 만드는 탕종의 마법, 지금부터 만나볼까요.

탕종 만드는
시간

약 5분 (식히는
시간 제외)

탕종을 넣어
식빵으로 완성
하는 시간

약 3시간
10분

재   료 [1개 분량] 기본 식빵팬 [윗면 22×10cm | 아랫면 19×8cm | 높이 9.5cm] 1개

[탕종]

＊완성하면 대략 140g 전후가 나와요.

강력분 25g

물 125g

[본도우]

우유 120g

인스턴트 드라이이스트 3g(3/4작은술)

설탕 32g

소금 5g(1작은술)

강력분 295g

실온의 버터(p.13) 또는 식용유 15~30g

＊많이 넣으면 더 부드러워요.

[코팅용]

식용유 약간

우유 약간

[덧가루용] 강력분(또는 중력분) 약간

오   븐

- 190℃로 예열된 오븐에서 25~28분 정도 굽습니다.
- 제시된 온도와 시간으로 구웠을 때 색이 너무 진하게 나거나 식었을 때 껍질이 과하게 질기다면, 굽는 시간을 줄이거나 온도를 낮춰 굽습니다.

탕종(밀가루풀) 만들기

1 분량의 강력분과 물을 냄비에 넣고 주걱으로 섞습니다.

   * 미지근한 물을 쓰면, 끓일 때 빨리 완성돼요.

   * 알갱이가 있으면 풀어주세요. 안 섞이는 듯 보여도 젓다 보면 섞여요.

2 중약불에 올려서 바닥을 저어가며 끓입니다.

3 밀가루가 뭉텅뭉텅 뭉치기 시작하면, 뭉친 것들을 풀어주듯 좀 더 빠르게
   저어가며 섞습니다.

4 '매끈하면서 윤기가 흐르는 풀'이 되면 완성입니다. 풀이 완성되면 불을
   끕니다. 생각보다 매우 빨리 완성되니 오래 끓이지 않도록 조심하세요.

   * 이 상태가 전분이 젤라틴화된 거예요. 이 '밀가루풀(탕종)이 수분을 많이 붙잡아두어, 오래도
   록 촉촉한 빵이 되는 것'이 탕종빵의 원리예요.

5 완성된 탕종은 깔끔하게 긁어내 그릇에 담고, 표면이 건조해지지 않게 랩
   을 밀착해 씌운 뒤, 실온에서 약 1시간 또는 냉장고에서 30분 정도 식혀서
   너무 뜨겁지 않은 상태로 사용합니다.

   * 이때 탕종은 대략 140g 전후가 나와요. 이보다 적다면 수분이 그만큼 날아간 상태예요. 도우
   를 만드는 과정에서 물을 추가해 적정한 되기로 맞출 수 있으니 걱정하지 마세요.

   * 전날 또는 그보다 전에 만들어서 냉장고에 보관했다 써도 좋아요. 그럴 땐 전자레인지에 약
   40초 정도 데워서 사용하세요.

믹싱과 1차 발효하기

6 내열 용기에 분량의 우유를 담은 뒤 전자레인지로 약 30초간, 만졌을 때 기분 좋게 따뜻한 정도(37~38℃ 전후)로 데웁니다.

  *너무 뜨거우면 저어서 식혀요. 액체의 온도로 도우의 온도를 조절해요.

7 볼 안에 데운 우유를 붓습니다. 이때 다 넣지 않고 10~15g(㎖) 정도를 한쪽에 남겨놓으세요.

8 인스턴트 드라이이스트를 넣고 살짝 흔듭니다.

9 설탕과 소금 → 탕종 → 밀가루의 순서대로 넣습니다. 주걱을 짧게 쥐고 맷돌을 돌리듯이 한 방향으로 최대한 섞습니다.

  *이때 탕종은 만졌을 때 미지근하거나 찬기가 없는 상태여야 해요.

  *탕종이 손실되지 않게 그릇과 도구에 붙어 있는 것까지 잘 긁어서 넣어주세요.

10 도우가 단단하고 재료가 잘 섞이지 않는다면, 남겨놓은 우유를 조금씩 추가해 적절한 되기(사진 11) 상태가 되도록 골고루 섞습니다.

  *만들 때 물을 많이 날려버렸다면(너무 끓여 많이 되직해졌다면), 도우가 원래보다 되게 완성될 수 있어요. 남은 우유를 다 넣어도 되어 보인다면, 물을 1~2술씩 추가해가며 되기를 맞추세요.

11 밀가루를 묻힌 손으로 만졌을 때 쫀득하면서 살짝 늘어나는 정도면 완성입니다.

12 젖은 면보로 도우를 덮은 뒤 실온의 테이블 위에 10분간 둡니다.

    ＊탕종이 들어가기 때문에, 처음부터 유지(버터나 오일)를 함께 넣으면 모든 재료가 잘 섞이지
    않아요. 따라서 유지를 나중에 따로 흡수시켜주세요.

13 10분 뒤 부드러운 실온의 버터를 '짜내듯이' 흡수시켜 섞습니다.

    ＊점점 기름기가 사라지다가 손에 달라붙고 끈적이는 느낌이 들기 시작하면 다 섞였다는 신호
    예요.

14 약간의 식용유로 도우 표면을 코팅합니다.

    ＊이렇게 해놓으면 나중에 다루기가 쉬워요.

15 도우를 젖은 면보로 덮은 뒤 실온의 테이블 위에서 30분간 발효합니다.

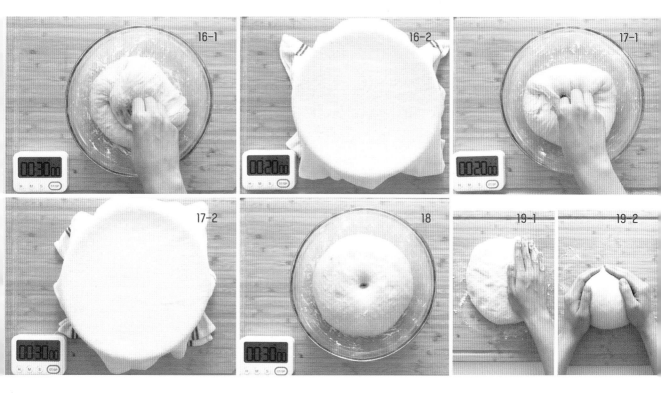

16 30분 뒤 사방으로 접기(폴딩 p.18)를 하고, 젖은 면보를 덮어 다시 20분간
    발효합니다.

17 20분 뒤 한 번 더 폴딩하고, 젖은 면보를 덮어 마지막으로 30분 더 발효합
    니다.

    *【정리】 ①30분 발효 - ①폴딩 - ②20분 발효 - ②폴딩 - ③30분 발효

**둥글리기와
식빵팬 준비하기**

18 30분 뒤 1차 발효가 끝난 도우는 손가락 두 번째 마디까지 깊게 찔러도
    되돌아오지 않으며, 안에 가스가 차서 폭신한 느낌이 듭니다.

    *도우에 탄성이 느껴진다면 폭신한 느낌이 들 때까지 시간을 추가해 더 발효하세요.

19 덧가루를 뿌린 작업대 위에 도우를 올려 가스를 살짝 빼고, 도우 전체를
    둥글리기 합니다(p.24).

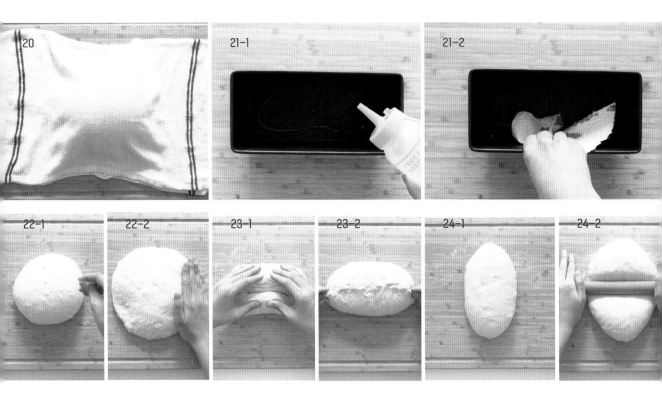

20 젖은 면보를 덮어 10분간 휴지시킵니다.

* 【휴지(벤치 타임)】 성형하기 쉽도록 도우가 느슨해지기를 기다리는 시간이에요. 휴지시킨 뒤
만져봤을 때 도우의 힘이 풀려 유연한 상태라면 성형을 시작해요.

21 휴지시키는 동안 식빵팬에 식용유를 몇 방울 떨어뜨린 뒤 키친타월로
문질러 코팅합니다.

* 이렇게 하면 나중에 팬에서 분리하기가 편해요.

성형하기

22 10분 뒤 도우 위에 덧가루를 살짝 뿌리고, 손바닥으로 눌러가며 가스를 뺍
니다.

23 매끈한 면이 아래를 향하게 도우를 뒤집은 뒤, 위아래를 가운데로 모아
서 잘 꼬집어줍니다.

24 다시 매끈한 면이 위를 향하게 뒤집어 세로로 길게 놓은 뒤 밀대로 폅니다.

25 매끈한 면이 아래를 향하게 뒤집은 뒤 가운데로 1/3씩 포개 접습니다.

26 여기서 한 번 더 반으로 포개 접은 뒤 붙여서 원통형으로 만듭니다.

27 이음매가 아래를 향하게 식빵팬 안에 넣고, 촉촉하게 물을 2~3회 뿌립니다.

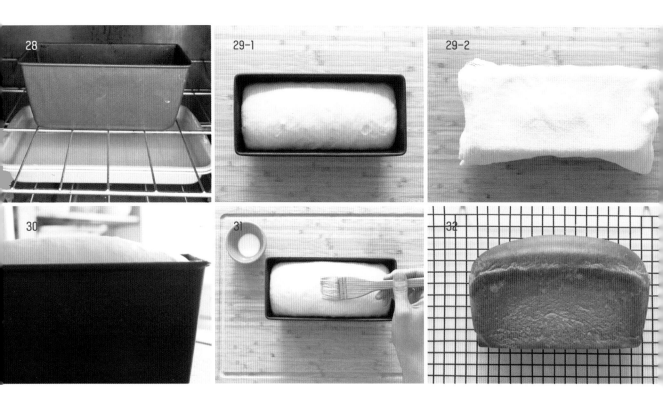

최종 발효와 굽기

28 오븐으로 따뜻한 환경을 조성한 뒤 도우가 팬 높이만큼 가득 찰 정도로 최종 발효합니다. 시간은 환경에 따라 다르지만 보통 약 35~40분 정도 걸리며(실온에서는 1시간 10분 정도), 시간보다는 팬 높이까지 부푸는 것을 잘 확인해주세요.

＊【오븐으로 따뜻한 발효 환경 만들기】따뜻한 물을 오븐 안에 넣고 문을 닫은 뒤 180℃로 오븐 온도를 설정해 30~50초간 공회전한 다음 오븐을 끄세요. 이때 오븐 안의 목표 온도는 약 38℃ 전후이며, 손으로 오븐 안 공기를 느껴봤을 때 '한여름 공기처럼 덥다'라는 느낌이 들면 돼요. 너무 뜨거우면 기다리고, 너무 미적지근하면 시간을 추가해 데워주세요. 오븐마다 이렇게 데워지는 데 걸리는 시간은 다를 수 있어요.

29 도우가 팬 높이까지 부풀면 팬을 오븐 안에서 꺼내고, 오븐을 190℃로 10~15분간 예열합니다. 그사이 도우는 젖은 면보를 덮어 실온에 둡니다.

30 오븐이 예열되는 동안, 도우가 팬 위 1.5cm 정도까지 더 부풀었는지 확인합니다. ＊도우가 팬 위 약 1.5cm 높이로 살짝 고개를 내밀면 구울 타이밍이에요.

31 우유를 표면에 코팅하듯 바른 뒤 190℃로 예열된 오븐에서 약 25~28분간 굽습니다.

32 구운 빵은 팬째 떨어뜨려 수증기를 내보내고, 바로 식힘망으로 옮겨 식힙니다.

＊식빵의 경우, 떨어뜨리는 과정을 절대 잊지 마세요. 이 공정을 빠뜨리면, 주저앉은 식빵을 만나게 될 수 있어요.

Q : 탕종은 어떻게, 얼마 동안 보관해 사용할 수 있나요?

A : 탕종을 미리 만들어놓을 경우, 냉장고에 약 4일 정도 보관하며 필요할 때 꺼내서 사용할 수 있어요. 냉장고에 보관했던 탕종은 전자레인지에 40초 정도 데운 뒤, 위아래로 골고루 섞어 적절한 상태(미지근한 상태, 적어도 너무 뜨겁거나 차갑지 않으면 됩니다)로 만들어 사용하면 됩니다.

Q : 우유 대신 두유나 아몬드유를 사용해도 될까요?

A : 물론이에요. 두유, 아몬드유, 오트밀유 등 좋아하는 것으로 대체해서 만들어도 됩니다. 또한 녹인 버터를 식물성 오일로 대체하면, 비건 식빵으로도 만들 수 있어요.

Q : 만든 탕종의 중량이 120g 밖에 되지 않아요(탕종의 중량이 너무 적어요).

A : 우선 탕종이 손실되지 않도록 실리콘 주걱으로 냄비를 싹싹 긁어보세요. 그래도 모자라다면, 탕종을 만들 때 수분을 너무 날려서(너무 오래 끓여서) 그런 거예요. 하지만 괜찮아요. 본 도우를 만들 때 부족한 물을 20g 더 넣는 식으로, 날아간 수분을 보충하면 됩니다. 이렇게 본 도우 전체의 수분량을 맞춰주세요.

Q : 탕종 모닝빵 버전도 만들고 싶어요.

A : 같은 도우로 탕종 모닝빵을 만들 수 있어요. 아래를 참고해주세요.

- **믹싱과 1차 발효하기** : 공정과 시간 모두 식빵과 동일합니다.

- **분할하기** : 55g씩 11개로 분할합니다.

- **휴지시키기** : 식빵과 동일하게 10분간 휴지시킵니다.

- **성형하기** : 모닝빵 모양으로 둥글게 성형합니다.

- **최종 발효하기** :

  ① 오븐으로 따뜻한 환경을 조성한 뒤 오븐 안에서 15~20분 정도 발효합니다.

  ② 팬을 꺼내고 190℃로 오븐을 10~15분 정도 예열합니다.

  ③ 오븐이 예열되는 약 10~15분 동안, 도우는 젖은 면보를 덮어 실온에 둡니다.

  ④ 도우 표면을 물 묻은 손으로 찔렀을 때 자국이 살짝 남는 정도면 구워도 좋습니다.

- **굽기** : 190℃에서 13~17분 정도 연갈색이 나도록 굽습니다.

Ⓠ : 탕종을 숙성할 필요는 없나요?

Ⓐ : 저도 이 점이 궁금해 숙성한 탕종과 숙성하지 않은 탕종을 사용한 두 가지 버전의 식빵을 만든 뒤 비교해봤어요. 결과적으로 맛, 질감, 볼륨, 노화 속도에 차이가 없었습니다. 그러니, 마음 놓고 탕종을 식힌 뒤 바로 사용해도 괜찮아요.

Ⓠ : 탕종 식빵은 노화가 아주 느리다던데, 얼마나 실온에서 보관할 수 있나요?

Ⓐ : 경험상 밀폐 용기에 넣어 실온 보관했을 때 3일째에도 촉촉했고, 4일째에도 꽤 괜찮을 정도로 노화가 느렸습니다(보통의 빵은 3일째만 되어도 꽤나 건조해집니다). 따라서 3~4일 안에 소진이 가능하다면 그냥 실온에 두고 먹어도 괜찮아요. 그러나 그 안에 못 먹거나 습도가 높은 한여름이라면 1~2일 동안 먹을 분량만 남기고, 냉동실에 보관하는 게 좋습니다.

베이글

요즘, 베이글 전문점이 참 많아졌어요. 따끈하고 쫄깃한 베이글에 수제 크림치즈 그리고 커피 한 잔. 이런 게 바로 행복 아닐까요? 이번에는 강력분과 중력분을 반반씩 사용해 적당히 부드러우면서 쫀득한 베이글을 만들어봤습니다. 햄과 할라페뇨가 들어간 치즈 베이글을 맛보는 순간, 왜 베이글이어야만 하는지 그 이유를 알 게 될 거예요.

재   료 [지름 약 9cm짜리 6개 분량]

따뜻한 물 180g

인스턴트 드라이이스트 3g(3/4작은술)

설탕 15g

소금 5g(1작은술)

강력분 150g

중력분 150g

[데치는 물]

뜨거운 물 1ℓ

＊팬의 중간 정도, 베이글이 잠길 수 있는 정도
  의 양이면 돼요.

꿀(또는 설탕) 1큰술

[토핑(선택 사항)]

호박씨, 참깨, 다진 아몬드 등

[치즈 베이글(3개 속 재료 분량)]

속 재료용 체더치즈 약 30g

토핑용 체더치즈 약 30g

＊레시피에서는 체더치즈 블록을 강판에 갈아
  서 썼어요.

햄 약 30g

할라페뇨 약 10개

＊꼭 같은 재료가 아니어도 돼요. 불고기, 소시지
  등 갖고 있는 재료를 사용해서 만들어보세요.

＊속 재료를 넣지 않고, 위에 치즈만 뿌려서 만
  들어도 맛있어요.

＊속 재료를 넣어 만드는 베이글은 책에서 소개
  한 동일한 방식으로 만들어요.

＊그 외 속 재료로 크림치즈와 팥, 크림치즈와
  무화과, 크랜베리, 찐 단호박 등을 추천해요.

[코팅용] 식용유 약간

[덧가루용] 강력분(또는 중력분) 약간

오   븐

• 200℃로 예열된 오븐에서 약 15~18분간 굽습니다.

• 오븐과 환경에 따라 온도와 시간이 달라질 수 있으니, 제시된 온도와 시간을
  바탕으로 '사진과 같은 색'이 나면 꺼내주세요.

믹싱과 1차 발효하기

1 만졌을 때 따뜻한 물(37~38℃ 전후)을 준비합니다.
   * 액체의 온도로 도우의 온도를 조절해요.

2 볼 안에 물을 붓습니다. 이때 다 넣지 않고 10~15g(㎖) 정도를 한쪽에 남
   겨놓으세요.

3 인스턴트 드라이이스트를 표면에 흩뿌린 뒤 살짝 흔듭니다.

4 설탕과 소금 → 밀가루 순서대로 넣습니다. 주걱을 짧게 쥐고 맷돌을 돌리
   듯이 현재의 수분량으로 최대한 섞습니다.

5 수분이 부족한 것 같다면, 남겨놓은 물을 추가해 골고루 흡수시킵니다.
   * 남겨놓은 물을 다 넣고도 되다면, 추가로 물을 1~2술씩 더 넣으세요. 상황에 맞게 '되기'[수분
   량]를 맞추는 게 포인트예요.

6 물을 다 넣고 주걱으로 최대한 섞었을 때 사진과 상태가 됩니다. 확실히
   다른 때(모닝빵 기준)보다 된 편입니다. 이 정도(사진 6-1)로 섞이면 이제 손
   으로 20회 정도 접듯이 치댑니다(사진 6-2).
   * 베이글 도우는 수분이 적어서 손으로 살짝 치대는 작업을 추가로 해요.

7   어느새 밀가루가 다 흡수되고, 표면에 끈적함이 느껴지면 완성입니다. 도우가 되기 때문에 밀가루가 덜 섞이거나 뭉친 곳은 없는지 확인합니다.

8   완성된 베이글 도우는 일반적인 빵 도우(모닝빵 기준)에 비해 단단하고 된 편입니다.

9   젖은 면보로 도우를 덮은 뒤 실온의 테이블 위에 5분간 둡니다.

10   5분 뒤 10회 정도 접듯이 치대서 도우의 표면을 매끈하게 만듭니다.

       ＊베이글 도우는 수분 비율이 낮아 되기 때문에 5분 쉬었다 다시 정리해주는 작업을 해요.

11   약간의 식용유로 도우 표면을 코팅합니다.

       ＊이렇게 해놓으면 나중에 다루기가 쉬워요.

12   젖은 면보로 덮어 실온의 테이블 위에서 30분간 발효합니다.

13   30분 뒤 사방으로 접기(폴딩 p.18)를 하고, 젖은 면보를 덮어 다시 40분간 발효합니다.

14   40분 뒤 한 번 더 폴딩하고, 젖은 면보를 덮어 마지막으로 30분 더 발효합니다.

       *【정리】①30분 발효 - ①폴딩 - ②40분 발효 - ②폴딩 - ③30분 발효

분할하기

15   30분 뒤 1차 발효가 끝난 도우는 손가락 두 번째 마디까지 깊게 찔렀을 때 사진과 같은 모습이 됩니다. 도우 안에 가스가 차서 폭신한 느낌이 듭니다.

       * 이때 도우에 탄성이 느껴진다면 폭신한 느낌이 들 때까지 시간을 추가해 더 발효해주세요.

16   작업대에 덧가루를 뿌린 뒤 도우를 놓고 가스를 살짝 뺍니다.

17 도우를 6개(개당 약 83g)의 덩어리로 분할(p. 19)합니다.

18 긴 원통형으로 둥글리기(p. 22) 합니다.

  * 길게 모양을 만들기 위해 긴 원통형 둥글리기를 해요.

19 쟁반 위에 도우를 올린 뒤 젖은 면보를 덮어 15분간 휴지시킵니다.

  * 【휴지(벤치 타임)】 성형하기 쉽도록 도우가 느슨해지기를 기다리는 시간이에요. 휴지시킨 뒤 만져봤을 때 도우의 힘이 풀려 유연한 상태라면 성형을 시작해요.
  * 나중에 베이글을 성형할 공간을 확보하기 위해, 도우를 쟁반 위에 올려요.

속 재료 준비하기

(치즈 베이글의 경우)

20 속 재료가 들어간 베이글을 만들고 싶다면, 휴지시키는 동안 속 재료를 준비합니다. 할라페뇨처럼 물기가 많은 재료는 꼭 물기를 제거합니다. 안 그러면 빵 속에서 질척이고, 물기 때문에 모양도 잘 잡히지 않는답니다.

  * 이 책에서는 햄, 치즈, 할라페뇨가 들어간 베이글을 만들 거예요. 햄과 할라페뇨는 베이글에 넣어 감싸기 좋게 길고 얇은 모양으로 잘라요. 체더치즈 블록은 강판에 갈아주세요.

성형과 최종 발효하기

21 10분 뒤 찔렀을 때 도우의 힘이 풀린 게 느껴지면 성형을 시작합니다.

22 작업대에 덧가루를 살짝 뿌리고, 매끈한 면이 위로 오게 한 뒤 밀대를 이용해 길이 14cm 정도로 납작하게 폅니다. 다 폈으면 다시 매끈한 면이 아래를 향하게 놓습니다.

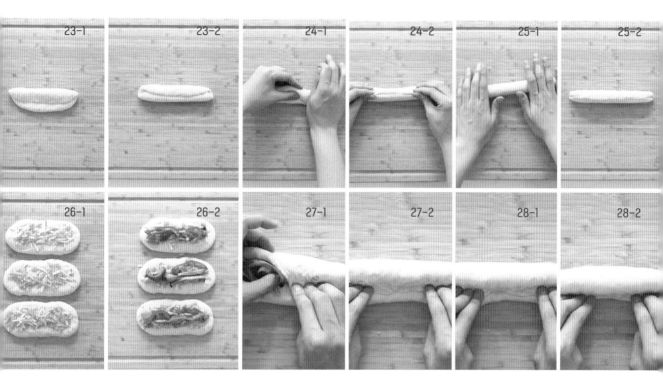

23 <u>**기본 베이글의 성형**</u> 도우를 1/3로 접은 뒤 위아래 방향을 바꿔 한 번 더 1/3로 접습니다.

24 다시 반으로 접어 붙인 뒤 이음매를 '아주 꼼꼼히' 잘 닫아줍니다.

25 살짝 굴려 모양을 정리해 17~18cm 정도의 길이로 완성합니다.

26 <u>**속 재료를 넣는 베이글의 성형**</u> 도우 위에 먼저 치즈를 놓고, 할라페뇨와 햄을 길게 올립니다.

27 속 재료가 빠지지 않도록 안으로 넣어가듯이 한 번 말아서 붙입니다.

28 두 번 더 말아서 붙이고 이음매를 '아주 꼼꼼히' 잘 닫아줍니다.

＊이음매를 대충 붙이면 터질 수 있어요.

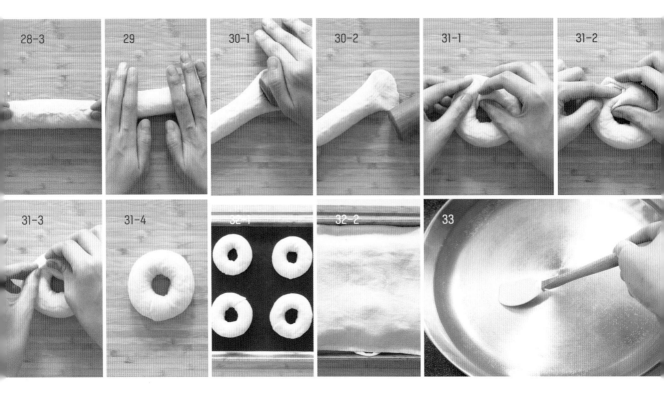

29 살짝 굴려가며 모양을 정리해 19~20cm 정도의 길이로 완성합니다.

30 여기까지 기다란 모양으로 준비가 됐으면, 이음매가 위를 향한 상태에서 끝부분의 3cm 정도를 밀대로 얇게 폅니다.

31 긴 도우를 둥글게 말아서 얇게 폈던 면으로 끝부분을 감싼 뒤 잘 닫아 링 모양을 만듭니다.

   * 사진 31-2처럼 도우를 안으로 밀어 넣으면서 닫아주세요.
   * 이음매를 꼼꼼하게 붙여야 나중에 터지지 않아요.

32 팬 위에 올려 2회 정도 분무한 뒤 젖은 면보를 덮어 15분 정도 최종 발효합니다.

   * 성형 작업이 끝나자마자 오븐을 200℃에서 15분 정도 예열해요.

베이글 데치기와 굽기

33 최종 발효를 하는 동안, 팬에 뜨거운 물과 분량의 꿀을 넣고 잘 녹게 섞습니다.

   * 뜨거운 물을 사용하면 물이 더 빨리 끓어요.

34 15분 뒤 최종 발효가 잘된 베이글은 젖은 손가락으로 찔렀을 때 자국이 서서히 돌아오지만 자국은 살짝 남는 상태가 됩니다.

35 최종 발효를 확인했다면, 꿀물을 강불에 올려 꿀을 완전히 녹입니다. 이 때 물은 완전히 끓이는 게 아니라, 바닥에 기포가 생기면서 표면으로 기포가 뽀글뽀글 올라오는 정도(85~90℃)로만 데웁니다.

* 완전히 끓는 물(100℃ 이상)을 사용하면, 굽고 나서 베이글의 표면이 쭈글쭈글해져요.

36 표면에 기포가 올라올 정도로 데워졌다면, 물이 끓지 않도록 중약불로 줄인 뒤 베이글의 윗면이 아래로 향하게 넣고 약 30초간 데칩니다.

* 30초 타이머를 세팅해 사용해요.

37 뒤집개로 뒤집어서 아랫면도 30초간 데친 뒤 건져서 팬으로 옮깁니다.

38 치즈 베이글에는 치즈를, 기본 베이글에는 원하는 토핑을 뿌린 뒤, 예열된 오븐에 재빨리 넣어 200℃에서 약 15~18분간 노릇한 색이 날 때까지 굽습니다.

39 구운 베이글은 팬째 바닥에 살짝 떨어뜨린 뒤 바로 식힘망으로 옮겨서 식힙니다.

40 완성된 치즈 베이글의 단면입니다.

* 겉은 바삭, 안은 쫄깃하고, 햄과 할라페뇨, 체더치즈의 조화가 아주 좋아요. 치즈 베이글은 따뜻할 때 먹어야 더 맛있어요.

✦TIP : 빨리 만들고 싶다면 이스트의 양을 늘려 빨리 발효하는 '빠른 버전'으로 만들어보세요. 아래를 참고해 이스트의 양과 발효 시간만 다르게 적용하고, 나머지 공정은 모두 동일하게 진행합니다.

- 이스트를 6g(1과 3/4작은술)으로 늘려 사용합니다.

- 1차 발효 시, 15분/ 15분/ 15분 간격으로 폴딩합니다.

- 최종 발효 시, 발효 시간 기준을 약 10~12분 정도로 합니다.

·도와주세요·
Q & A

Q : 베이글을 데치는 이유는 뭔가요?

A : 베이글을 데치면 베이글 특유의 쫄깃한 맛과 광택이 있는 껍질을 만들 수 있어요. 데치는 과정에서 베이글 표면의 전분이 익고, 표면의 효모가 사멸하며, 빵이 한 번 더 부풀게 됩니다. 결국 이를 통해 오븐 안에선 잘 부풀지 못하는 상태가 되고, 빵 껍질 안에 도우를 가둔 듯한 느낌이 되는 거예요. 그래서 베이글 특유의 단단히 뭉친 식감(쫄깃한 식감)이 만들어집니다. 또 구우면서 표면에 있던 수분이 증발하면서 단단해져 좀 더 바삭하고 광택이 있는 껍질의 베이글이 됩니다.

Q : 베이글을 데치지 않으면 어떻게 되나요?

A : 베이글 특유의 쫄깃한 식감이 사라지고, 드라이한 느낌의 빵이 됩니다. 물에 데치는 공정 때문에 다른 빵에 비해 된 도우로 만드는데, 물에 데치는 공정이 빠지면 원래 된 도우였던 만큼 수분이 적은 건조한 빵이 됩니다.

Q : 베이글을 데치는 물에 꿀이나 설탕을 넣는 이유와 둘 중 더 추천하는 것을 알려주세요. 또 꿀이나 설탕을 넣지 않으면 어떻게 되는지도 궁금해요.

A : 꿀이나 설탕을 안 넣고도 만들 수 있지만, 넣는 편이 더 광택이 돌아서 먹음직스러워요. 그중에서 설탕보다 꿀을 넣는 것이 색이 더 진하고 광택도 더 돌아서 추천합니다.

Q : 요즘 유행하는 것처럼 베이글 크기를 좀 더 크게 만들고 싶은데, 그래도 되나요?

A : 네, 물론이에요. 지금 이 배합을 그대로 사용하되, 4개 또는 5개로 분할해 만들어도 되고, 배합 자체의 양을 1.5배 또는 2배로 늘려서 해도 됩니다. 배합량을 1.5배 늘리면, 베이글 크기도 1.5배가 되겠죠? 모든 공정은 동일하게 하고, 베이글 하나당 크기가 큰 만큼 구울 때만 노릇한 색이 날 때까지 시간을 추가해보세요.

Q : 치즈 베이글을 만들 때 분명 체더치즈를 썼는데, 완성된 모습은 책과 달라요. 왜 그런 걸까요?

A : 한국에서 '체더치즈'라는 이름으로 판매되고 있는, '슬라이스드 가공 체더치즈'(프로세스드 체더치즈, 흔히 비닐에 한 장씩 낱개로 포장된 부드러운 사각 치즈로, 체더치즈를 원료로 해 가공한 치즈예요)를 사용하면, 바삭하기보단 치즈가 눌어 붙는 모양으로 구워집니다. 물론, 집에 있는 슬라이스드 치즈를 사용해서 만들어도 전혀 상관은 없어요. 하지만 좀 더 베이커리에서 파는 것 같은 바삭한 치즈 베이글을 맛보고 싶다면, 대형 외국계 할인 판매점에서 판매하는 블록형(벽돌형) 체더치즈를 강판에 갈아 사용하는 것을 추천해요. 이 레시피에서 사용한 건 두 가지 색이 섞여 있는 마블 체더치즈예요. 꼭 마블 타입이 아니어도 되니, 구하기 쉬운 노란색 '마일드 체더치즈'를 추천합니다.

포카치아

크고 작은 기공의 스펀지 같은 식감이 입을 즐겁게 하는 이탈리아 빵, 포카치아. 이탈리아 레스토랑에서 식전 빵으로 자주 등장하는 그 빵이에요. 담백함이 매력적인 포카치아는 발사믹 소스에 찍어 먹거나 샌드위치로 즐겨도 맛있어요. 무엇보다 갖가지 토핑을 올려 만든 피자 포카치아는 한 끼 식사나 파티 음식으로도 훌륭하답니다.

재   료 [30x20cm 1개 분량]

따뜻한 물 210g

인스턴트 드라이이스트 2g(1/2작은술)

설탕 10g

소금 5g(1작은술)

올리브오일 10~20g

＊오일이 많이 들어갈수록 부드러워요. 저는 주로 15g을 넣어요.

강력분 250g

[작업용] 올리브오일 1큰술

[바르는 용] 올리브오일 1큰술

[뿌리는 용]

히말라야 핑크소금(또는 일반 소금) 약간

허브가루(오레가노, 바질, 타임 등) 약간

[토핑]

베이컨, 토마토, 버섯, 양파, 올리브, 치즈 등

＊그때마다 집에 있는 재료를 사용하면 좋아요.

오   븐

• 250℃(또는 오븐 최고 온도)로 예열한 뒤, 온도를 230℃로 낮춰 10~14분 정도 굽습니다.

• 오븐과 환경에 따라 온도와 시간이 달라질 수 있으니, 제시된 온도와 시간을 바탕으로 '사진과 같은 색'이 나면 꺼내주세요.

믹싱과 1차 발효하기

1   만졌을 때 기분 좋게 따뜻한 정도(37~38℃ 전후)의 물을 준비합니다.

2   볼 안에 물을 붓습니다. 이때 다 넣지 않고 10~15g(㎖) 정도를 한쪽에 남겨놓으세요.

3   인스턴트 드라이이스트를 표면에 흩뿌리고 살짝 흔듭니다.

4   설탕과 소금 → 올리브오일 → 밀가루의 순서대로 넣습니다. 주걱을 짧게 쥐고 맷돌을 돌리듯이 현재의 수분량으로 최대한 섞습니다.

5   도우가 사진 5-2에 비해 된 것 같다면 남겨놓은 물을 조금씩 추가해 적절한 되기가 되도록 골고루 섞습니다. 포카치아는 수분율이 매우 높은 편이라, 재료 믹싱을 막 끝낸 포카치아 도우는 일반적인 빵 도우(모닝빵 기준)보다 많이 질고, 끈적입니다.

6   랩으로 씌운 뒤 20분간 실온의 테이블 위에서 발효합니다.
    * 이때 랩은 나중에 '사용할 팬의 너비' 정도로 넓게 잘라요. 그러면 한 장의 랩으로 최종 발효할 때까지 쓸 수 있어요.

7   깨끗한 새 볼의 표면에 주걱으로 올리브오일을 바른 뒤, 도우를 주걱으로
     떨어뜨리듯 옮깁니다.

     *이 과정은 진 포카치아 도우를 좀 더 손쉽게 다루기 위해 하는 작업이에요. 진 도우를 다루는
     것에 능숙하고 도우가 손에 달라붙는 것이 상관없다면, 굳이 새 그릇으로 옮기지 않고 원래 그
     릇에서 계속 진행해도 괜찮아요.

8   다루기 편하도록 손에 올리브오일이나 물을 묻힙니다.

9   도우를 사방으로 접기(폴딩 p.18)를 하고, 아까 사용했던 랩을 씌운 뒤 실
     온의 테이블 위에서 30분간 발효합니다.

10   30분 뒤 손에 물을 묻혀서 사방으로 접기(두 번째 폴딩)를 하고, 다시 30분
     간 발효합니다.

     *손에 물을 묻히면, 끈적임이 덜해 폴딩하기가 편해요.

11   다시 30분 뒤 같은 방법으로 사방으로 접기(세 번째 폴딩)를 하고, 랩을 씌
     워 한 번 더 30분간 발효합니다.

     *【정리】①20분발효 - ①폴딩 - ②30분발효 - ②폴딩 - ③30분발효 - ③폴딩 - ④30분발효
     *처음에는 질어 보여도 시간이 갈수록 도우에 탄력과 힘이 생기는 게 느껴져요.

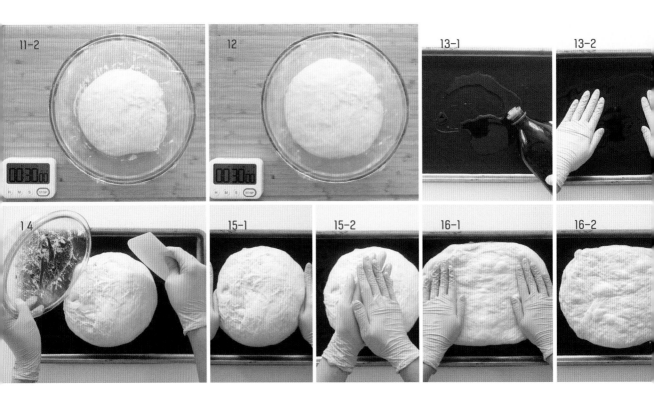

12 세 번의 폴딩을 마치면 맨 처음보다 볼륨이 2배 이상 커지고, 그릇을 흔들면 출렁거리는 느낌이 듭니다.

13 베이킹팬 위에 테프론시트(또는 종이호일)를 깔고, 그 위에 올리브오일을 1큰술 정도 바릅니다.

14 1차 발효가 끝난 도우는 가능한 한 매끈한 면이 아래를 향하게 팬 위에 올립니다.

15 작업하기 편하도록 테프론시트 위에 있는 올리브오일을 손에도 묻힙니다.

16 손바닥의 넓은 면을 이용해 도우를 전체적으로 살짝 폅니다.

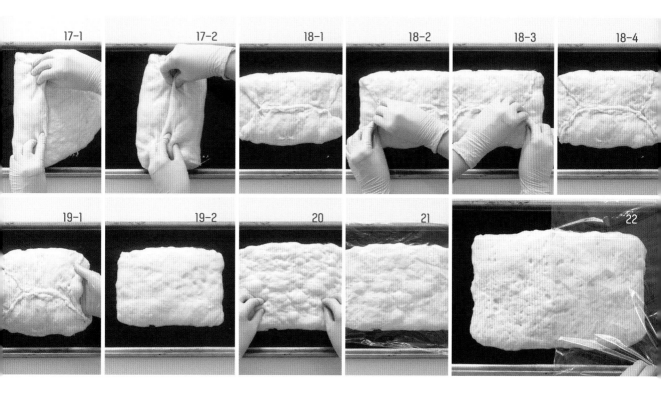

17 좌우 1/4씩 봉투 접듯 접은 뒤, 맞닿는 부분을 꼬집어 잘 닫아줍니다.

18 모양 잡기가 편하도록 도우를 90°돌립니다. 양 옆구리도 사진처럼 봉합하듯 접은 뒤, 맞닿는 부분을 꼬집어서 전체가 직사각 편지봉투 모양이 되게 합니다.

19 도우를 양손으로 조심스럽게 잡은 뒤 이음매가 아래를 향하게 뒤집습니다.

20 손끝으로 눌러가며 살짝 펴서 가로 27cm, 세로 17cm의 크기가 되도록 최종 모양과 두께를 다듬습니다.

　＊가로 27cm, 세로 17cm 정도의 크기로 펴면, 한입에 먹기 적당하고 샌드위치를 만들기에도 적당한 두께가 돼요. 그러나 취향에 따라 이것보다 크기는 작고 두께는 좀 더 두껍게 마무리해도 괜찮아요.

21 아까 사용했던 랩을 씌운 뒤 실온의 테이블 위에서 30분간 최종 발효합니다.

　＊최종 발효 시작 뒤 10분 정도 지났을 때, 오븐을 250℃(또는 최고 오븐 온도)로 약 20분간 예열해요.

22 30분 뒤 랩을 살며시 제거합니다.

23 올리브오일을 표면에 1큰술 정도 두르고, 손으로 살살 펴 바릅니다.

＊이때 도우 안의 가스가 빠져 나가지 않게 조심히 발라요.

24 손가락으로 찔러서 포카치아스러운 모양을 내줍니다.

＊모양을 만들 뿐 아니라 위로 너무 많이 부푸는 것도 방지돼요.

25 소금과 허브가루를 솔솔 뿌립니다.

＊일반 소금은 아주 살짝만 뿌려야 짜지 않아요. 물론 안 뿌려도 상관없지만 뿌리는 게 더 맛있
어요. 히말라야 핑크소금은 염도가 낮아서 적당히 뿌려도 괜찮아요.

26 도우 표면에 물을 8~10회 분무한 뒤, 최고 온도로 예열한 오븐에 넣고 빠
르게 오븐 안쪽에 물을 8~10회 분무합니다. 재빨리 오븐 문을 닫고, 온도
를 230℃로 낮춰 약 10~14분간 노릇노릇하게 굽습니다.

27 구운 포카치아는 팬째 바닥에 떨어뜨린 뒤 건조해지지 않게 바로 식힘
망으로 옮겨 식힙니다.

＊15분 정도 지나면 겉은 바삭하고, 안은 촉촉한 포카치아를 맛볼 수 있어요.

◆TIP : 피자 포카치아 만들기

포카치아 도우에 베이컨, 토마토, 치즈 등의 토핑을 올려서 구우면, 식사 대용으로도 좋고, 파티 음식으로도 제격이에요.

＊24번 공정까지 동일하게 진행한 뒤, 원하는 토핑(베이컨, 햄, 토마토, 치즈, 야채 등)을 올려 동일한 방법으로 굽습니다.
＊토마토는 도우 안에 콕콕 박듯이 올리고, 그 외 다른 재료와 치즈는 뿌리듯이 올립니다.

＊토핑 버전에도 히말라야 핑크소금이나 후추, 허브가루를 함께 뿌려서 구우면 맛있답니다.
＊토핑 버전은 재료의 무게 때문에 좀 더 두께가 얇고 기공이 조밀하게 구워지는 편입니다.

· 도와주세요 ·
Q & A

Q : 오븐의 최고 온도가 220℃(또는 200~230℃)예요. 이럴 땐 어떻게 해야 하나요?

A : 그런 경우에는 오븐의 최고 온도로 예열하고, 온도를 내리지 않은 채 계속 최고 온도로 노릇한 색이 날 때까지 굽습니다. 오븐 온도가 레시피에 제시된 온도만큼 높게 설정되지 않을 경우에 는, 오븐의 최고 온도로 충분히 예열하고 굽는 것이 최선의 방법이에요.

Q : 사각팬에 넣어서 구워도 괜찮을까요?

A : 네, 괜찮아요. 대신 사각팬에 넣어서 구우면, 판에 굽는 것보다 도우에 열이 천천히 전달되므로 굽는 시간을 늘려야 합니다. 또 기공이 좀 더 조밀하게 나올 수 있답니다. 여러 가지 방법으로 원하는 모양의 포카치아를 구워보세요.

Q : 다른 빵보다 폴딩 횟수가 더 많은데, 이유가 있을까요?

A : 기공이 많아 스펀지 같은 식감의 포카치아를 만들고 싶었습니다. 그래서 폴딩 횟수와 굽는 온 도 등 변수가 될 수 있는 부분을 바꿔가며 많은 테스트를 진행했어요. 결과적으로 같은 발효 시 간 내에 폴딩을 많이 할수록, 그리고 높은 온도에서 구울수록 기공이 더 열린 폭신한 빵이 되었 어요. 그래서 폴딩을 3회 하는 레시피가 탄생했답니다.

감자 포카치아

포카치아의 감자빵 버전이에요. '아티장베이커스'의 감자 치아바타의 맛을 오마주해 포
카치아 버전의 레시피로 만들어봤답니다. 감자가 밀가루의 반 정도 들어가지만 감자 맛
이 튀지 않고, 전체적으로 은은하게 맛을 받쳐줍니다. 게다가 감자가 스펀지처럼 쫀득한
질감을 만들어주어 더욱 재미있게 맛을 즐길 수 있어요.

재　　료 [30x20cm 1개 분량] | 사각 용기[20×15×7.5cm] 1개

감자 120g(큰 감자 1개)
* 이 이상 들어가면 감자떡 같아져요.

물 220g

인스턴트 드라이이스트 3g(3/4작은술)

설탕 10g

소금 6g(1과 1/4작은술)

올리브오일 15g

강력분 250g

잘게 자른 체더치즈(선택 사항) 40g

[작업용] 올리브오일 약간

[바르는용] 올리브오일 약간

[뿌리는 용]

소금(또는 잘게 자른 체더치즈) 약간

허브가루(오레가노, 바질, 타임, 로즈마리
등) 약간

오　　븐

• 250℃(또는 오븐의 최고의 온도)로 예열한 뒤 온도를 230℃로 낮춰 13~18분 정도
굽습니다.

• 오븐과 환경에 따라 온도와 시간이 달라질 수 있으니, 제시된 온도와 시간을 바
탕으로 '사진과 같은 색'이 나면 꺼내주세요.

1 껍질 벗긴 감자를 가로세로 2cm 크기로 잘라 내열 용기에 담은 뒤 랩을 3/4 정도만 씌웁니다.

2 감자를 전자레인지에 3분간 찐 뒤 포크로 곱게 으깹니다.
  *작은 덩어리가 조금 남아 있는 정도는 괜찮아요.

3 사각 용기에 감자를 넣고, 만졌을 때 살짝 차가운 물(실온의 물)을 넣습니다. 이때 물은 다 넣지 않고 30g(㎖) 정도를 한쪽에 남겨놓으세요.
  *저는 가로 20cm, 세로 15cm, 높이 7.5cm의 사각 용기를 사용했어요. 이와 비슷한 크기의 통을 쓰면 돼요.
  *감자가 뜨겁기 때문에 실온의 물을 사용해요.
  *감자 품종에 따라 도우가 매우 질어질 수도 있으니 평소보다 물을 많이 남겨 놓아요.

4 손가락으로 만졌을 때 기분 좋게 따뜻한 정도(37~38℃ 전후)인지 확인합니다.
  *너무 뜨거우면 저어서 식혀요. 액체의 온도로 도우의 온도를 조절해요.

5 인스턴트 드라이이스트를 표면에 흩뿌리고 살짝 흔듭니다.

6 설탕과 소금 → 올리브오일 → 밀가루 → 체더치즈(선택 사항)의 순서대로 넣습니다. 주걱을 짧게 쥐고 맷돌을 돌리듯이 현재의 수분량으로 최대한 섞습니다.

7 　도우가 된 것 같다면, 남겨놓은 물을 조금씩 추가해 적절한 되기(사진 8) 상태가 되도록 골고루 섞습니다.

*남겨놓은 물을 다 넣고도 되다면, 추가로 물을 1~2술씩 더 넣으세요. 상황에 맞게 '되기'(수분량)를 맞추는 게 포인트예요.

8 　완성된 도우는 당기면 끊어질 정도로 질고, 매우 끈적입니다.

*포카치아는 수분율이 높기 때문에 일반적인 빵 도우(모닝빵 기준)보다 질게 완성돼요.

9 　뚜껑을 덮어 10분간 휴지시킵니다.

10 　10분 뒤 손에 물을 묻혀 가장자리에서 안쪽으로 도우가 탱탱하게 힘이 생길 때까지 10회 이상 접어 한 덩어리로 만든 다음 뒤집습니다.

*손에 물을 묻히면 끈적임이 덜해 폴딩하기 편하므로, 도우를 다룰 때는 늘 손에 물을 묻히는 것을 추천해요.

11 　도우가 탱탱해지면, 올리브오일을 살짝 떨어뜨려 도우의 표면에 펴 바릅니다.

*이렇게 해두면 나중에 폴딩할 때 편해요.

12 　뚜껑을 덮어 30분간 실온의 테이블 위에서 발효합니다.

13 30분 뒤 손에 물을 묻혀 도우의 위쪽 끝단을 잡고 조심스럽게 늘린 뒤, 1/3을 접어서 포갭니다. 이때 도우의 중심부를 짓눌러 힘을 가하거나 가스를 빼지 않습니다. 단지 도우를 늘리고 포개서 얹어준다는 느낌으로 진행하며, 도우 안에 생성된 기포가 상하지 않도록 평소보다 조심스럽게 다룹니다.

14 통을 180°회전한 뒤 다시 도우의 위쪽 끝단을 잡고 조심히 늘린 다음 1/3을 접어서 포갭니다.

15 통을 90° 회전한 뒤 도우를 위에서 아래로 1/3 접어서 포갭니다.

16 이 상태에서 다시 도우를 아래에서 위로 1/3 접어서 포개면 완전한 한 덩어리가 됩니다. 뚜껑을 덮고 30분간 발효합니다.

17 30분 뒤 동일한 방법으로 폴딩한 뒤, 한 번 더 30분간 발효합니다.
   *【정리】①30분 발효 - ①폴딩 - ②30분 발효 - ②폴딩 - ③30분 발효

성형과 최종 발효하기

18 30분 뒤 뚜껑을 열면, 도우가 포실하게 부풀어 흔들면 살짝 흔들리는 상
   태가 됩니다.

   ＊이 타이밍에 오븐을 250℃(또는 오븐의 최고 온도)로 약 20분간 예열해요.

19 베이킹팬 위에 테프론시트(또는 종이호일)를 깔고, 그 위에 올리브오일을
   1큰술 정도 바릅니다.

20 용기를 뒤집어 도우를 빼냅니다.

21 올리브오일을 양손에 비비듯 바른 뒤, 도우를 손바닥으로 살살 펴서 가
   로 30cm, 세로 20cm 크기로 만듭니다.

   ＊꼭꼭 누르지 않고, 안에 공기를 살리듯이 펴주세요.

22 랩을 씌운 뒤 실온의 테이블 위에서 약 17~20분간 최종 발효합니다.

23 17~20분 뒤 랩을 조심스럽게 벗겨냅니다.

   ＊이때 도우는 안에 가스가 다시 차올라 폭신한 느낌이 들어요. 주변 공기가 차가우면 부푸는
   데 시간이 더 걸리니, 이 '느낌'을 잘 확인해보세요.

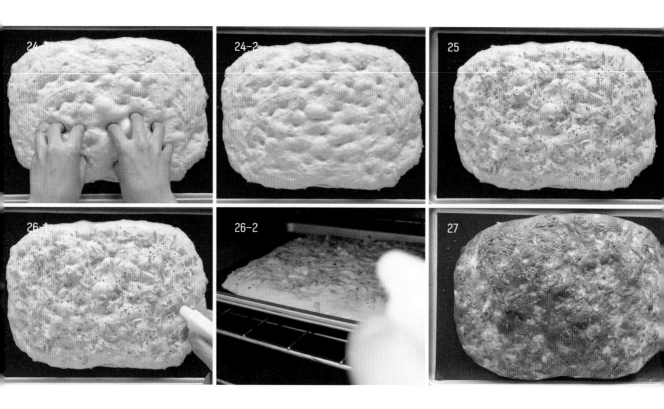

굽기

24 손에 물을 묻힌 뒤, 쿡쿡 찔러 포카치아 특유의 모양을 냅니다.

25 도우 위에 소금 또는 잘게 자른 체더치즈를 뿌리고(둘 다 뿌리면 짜지므로, 하나만 뿌립니다) 허브가루도 뿌립니다.

26 표면에 2~3회 물을 분무한 뒤 최고 온도로 예열한 오븐에 넣고, 빠르게 오븐 안쪽에 물을 4회 정도 분무합니다. 재빨리 오븐 문을 닫고, 온도를 230℃로 낮춰 13~18분 정도 노릇노릇하게 굽습니다.

27 구운 포카치아는 팬째 바닥에 떨어뜨린 뒤 건조해지지 않게 바로 식힘망으로 옮겨 식힙니다.

Q & A

Q : 오븐의 최고 온도가 220℃(또는 200~230℃)예요. 이럴 땐 어떻게 해야 하나요?

A : 그런 경우에는 오븐의 최고 온도로 예열하고, 온도를 내리지 않은 채 계속 최고 온도로 노릇한 색이 날 때까지 굽습니다. 단, 낮은 오븐 온도는 기공의 크기에 영향을 줄 수 있어요. 빵의 기공이 작아질 수 있답니다.

Q : 감자를 더 넣어도 될까요?

A : 테스트해본 결과 감자를 이 이상 넣으면 감자떡처럼 되므로, 감자양을 늘리지 않는 것을 추천합니다.

Q : 올리브오일이 없어요. 일반 식용유를 사용해도 될까요?

A : 네, 됩니다. 만드는 데 문제는 없지만, 올리브오일을 사용했을 때 나는 포카치아 특유의 향과 맛이 약해질 순 있어요.

Q : 감자는 꼭 전자레인지로만 쪄야 하나요?

A : 물에 삶든, 찜기에 찌든, 어떤 방법이든 으깬 감자로만 준비할 수 있으면 상관없답니다.

Q : 제 도우는 너무 질어요(또는 너무 돼요).

A : 감자 품종이나 보관 상태에 따라 필요한 수분량이 달라질 수 있어요. 그러니 물을 한 번에 다 넣지 말고 조금씩 추가하면서 넣으세요. 반대로 도우가 너무 되다면 물을 1술(약 10g)씩 추가해 흡수시켜보면서 적절한 도우의 되기가 되도록 체크합니다. 이때 찾은 적정한 물의 양을 메모해두면 나중에 편리해요.

Q : 오븐 안에 물을 뿌리는 이유가 있나요?

A : 오븐 안에 수분을 공급하면, 수분으로 인해 겉껍질이 더 늦게 형성되기 때문에 빵이 잘 부풀어 기공이 더 열린 빵을 만들 수 있어요(스팀효과). 베이커리에서 사용하는 오븐과 달리 가정용 오븐에는 자동 스팀 기능이 없기 때문에 분무기를 사용해 수동으로 같은 효과를 주는 거예요. 이 방법은 치아바타, 바게트, 깜빠뉴와 같이 설탕과 유지(오일이나 버터)가 적게 들어가는 담백한 빵 종류에 주로 사용합니다.

프루트 깜빠뉴

깜빠뉴는 빵 드 깜빠뉴(Pain de campagne)의 줄임말로, 빵은 '빵'을, 깜빠뉴는 '시골', '농촌'을 뜻해요. 한마디로 깜빠뉴는 시골풍의 프랑스빵을 말합니다. 가지고 있는 도구를 최대한 활용하면 우리나라 가정집에서도 손쉽게 깜빠뉴를 구울 수 있어요. 건과일을 넣어 새콤하고 고소한 프루트 깜빠뉴를 만들어도 좋고, 건과일 없이 통밀 깜빠뉴로 만들어도 좋답니다.

소요 시간

약
3시간 30분

재　　　료 [지름 약 16cm 1개 분량]

따뜻한 물 170g

인스턴트 드라이이스트 2g(1/2작은술)

황설탕(또는 백설탕, 머스코바도 설탕) 5g

소금 4g(3/4작은술)

강력분 220g

통밀 30g

시나몬파우더(선택 사항) 1g(1/4작은술)

건크랜베리(또는 건포도 등의 건과일) 70g

호두 30g

* 전처리한 호두를 추천해요[p.26].

[코팅용] 식용유 약간

[덧가루용] 강력분(또는 중력분) 약간

[데커레이션] 강력분(또는 중력분) 약간

[[도구]]

작은 볼(지름 19cm) 1개

* 대략 크기가 비슷한 것이면 돼요.

작은 체 1개

깨끗한 천(행주, 손수건 등) 1개

뜨거운 바닥을 만들어주는 도구(베이킹 팬, 무쇠 프라이팬 등) 1개

뚜껑 역할을 하는 도구(법랑 냄비, 스텐 볼, 스테인리스 냄비, 무쇠 냄비 등) 1개

* 소재가 법랑, 스테인리스, 주물(무쇠)인 것을 사용해요.
* 테프론시트나 쿠킹호일을 뚜껑 대신 사용할 수 있어요.

오　　　븐

• 250℃(또는 오븐의 최고 온도)로 예열된 오븐에서 5분간 구운 뒤, 온도를 230℃로 낮춰 약 15~20분간 굽습니다.

• 뚜껑(냄비나 스텐 볼 또는 테프론시트나 쿠킹호일)은 도우를 오븐에 넣은 지 15분이 지나면 걷어냅니다.

* 【타이머 정리】 250℃에서 5분 굽기(타이머 5분 설정)→5분 뒤 230℃로 온도 낮추기(타이머 10분 설정)→10분 뒤 뚜껑 걷어내기(타이머 5~10분 설정)→빵의 색을 살피며 추가로 5~10분 더 굽기

• 오븐과 환경에 따라 온도와 시간이 달라질 수 있으니, 제시된 온도와 시간을 바탕으로 '사진과 같은 색'이 나면 꺼내주세요.

믹싱과 1차 발효하기

1   건크랜베리는 따뜻한 물에 담가 10~15분 정도 불리고, 호두는 크랜베리 크기로 잘라서 준비합니다.

　　*건과일을 불리지 않으면 딱딱하고, 도우의 수분을 빼앗아갈 수 있어요.

2   만졌을 때 기분 좋게 따뜻한 정도(37~38℃ 전후)의 물을 준비합니다.

3   볼 안에 물을 붓습니다. 이때 다 넣지 않고 10~15g(㎖) 정도를 한쪽에 남겨놓으세요.

4   인스턴트 드라이이스트를 넣고 살짝 흔듭니다.

5   설탕과 소금 → 가루류(강력분, 통밀, 시나몬파우더)의 순서대로 넣습니다. 주걱을 짧게 쥐고 맷돌을 돌리듯이 한 방향으로 최대한 섞습니다.

　　*황설탕은 보관 중 단단하게 덩어리지기가 쉬워요. 설탕이 굳어 있다면 잘 녹게 먼저 섞은 뒤 가루류를 넣으세요.

6   도우가 단단하고 재료가 잘 섞이지 않는다면, 남겨놓은 물을 조금씩 추가해 적절한 되기(사진 7) 상태가 되도록 골고루 섞습니다.

　　*남겨놓은 물을 다 넣고도 되다면, 추가로 물을 1~2술씩 더 넣으세요. 상황에 맞게 '되기'(수분량)를 맞추는 게 포인트예요.

196

7 밀가루를 묻힌 손으로 만졌을 때 평소(모닝빵, 소금빵 같은 기본 도우)보다
   단단하지만 살짝 늘어나는 정도면 완성입니다.

8 도우를 젖은 면보로 덮은 뒤 실온의 테이블 위에 10분간 둡니다.
   *평소보다 도우가 살짝 되기 때문에 초반에 한 번 휴지시켜요.

9 그 사이 불린 크랜베리의 물기를 키친타월로 잘 제거합니다.
   *물기를 잘 제거하지 않으면, 도우가 질척이게 돼요.

10 10분 뒤 물기를 제거한 크랜베리와 잘게 자른 호두를 도우에 넣고 짜내듯
   이 골고루 섞은 뒤, 다시 한 덩어리로 뭉칩니다. 처음에는 찐득거리지만,
   섞다 보면 표면이 매끈해집니다.

11 약간의 식용유로 도우 표면을 코팅합니다.
   *이렇게 해놓으면 나중에 다루기가 쉬워요.

12 도우를 젖은 면보로 덮은 뒤 실온의 테이블 위에서 40분간 발효합니다.

13 40분 뒤 사방으로 접기(폴딩 p.18)를 하고, 젖은 면보를 덮어 다시 30분간
   발효합니다.

14 30분 뒤 한 번 더 폴딩하고, 젖은 면보를 덮어 마지막으로 40분 더 발효합니다.

  *【정리】①40분 발효 - ①폴딩 - ②30분 발효 - ②폴딩 - ③40분 발효

성형하기

15 40분 뒤 1차 발효가 끝난 도우는 손가락 두 번째 마디까지 깊게 찔러도 되돌아오지 않으며, 안에 가스가 차서 폭신한 느낌이 듭니다.

  *이때 도우에 탄성이 느껴진다면 폭신한 느낌이 들 때까지 시간을 추가해 더 발효해주세요.

16 도마 위에 덧가루를 뿌린 뒤, 도우를 올려 가능한 한 평평하게 폅니다.

17 매끈한 면이 아래로 가게 놓은 뒤 좌우를 접어 포개고, 90°로 돌려서 한번 더 좌우를 접어 포갭니다.

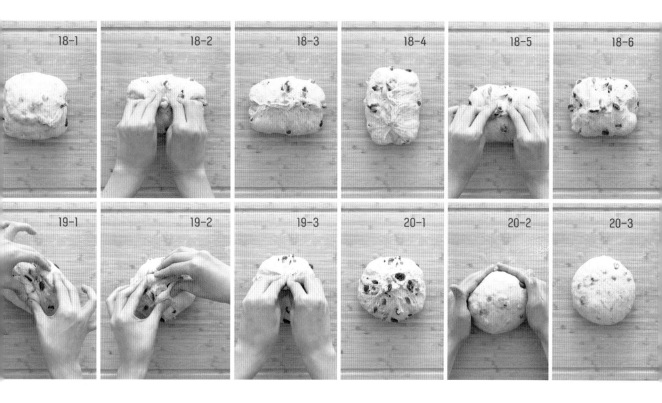

18 다시 90°로 돌린 뒤 아랫면과 윗면을 가운데를 향해 포개서 반 접어 붙이고(사진 18-1~18-3), 한 번 더 90°로 돌려서 같은 방법으로 가운데를 향해 포개서 반으로 접어 붙입니다(사진 18-4~18-6).

19 이 상태에서 양 꼭짓점을 대각선으로 포개서 붙이고, 한 번 더 같은 방법으로 반대쪽 양 꼭짓점을 대각선으로 포개서 붙인 뒤 전체적으로 닫아주듯 모아 붙여 동그란 모양을 만듭니다.

20 이쯤 되면 대략적인 원형이 만들어집니다(사진 20-1). 이제 도우를 뒤집어서 양손으로 둥글리며 표면은 팽팽하게, 전체 모양은 둥글게 만듭니다(사진 20-2~20-3).

*가능한 한 타이트한 원형으로 만들어야 구웠을 때 모양이 봉긋하게 나와요.
*큰 기포가 있으면 꼬집어서 터트리되, 너무 작은 기포까진 신경 쓰지 마세요.

최종 발효하기	21 작은 볼(지름 19cm)에 깨끗한 마른 천을 깐 뒤, 밀가루를 체로 쳐서 골고루 뿌립니다.
	22 그 위에 성형한 도우의 매끈한 면이 아래를 향하게 놓고, 남은 천으로 덮어 약 50분간 최종 발효합니다.
오븐 예열하기	23 최종 발효가 끝나는 시간에 맞춰 오븐이 250℃ 온도에서 약 20분간 예열되도록 미리 켜놓습니다. 이때 화덕같이 뜨거운 바닥을 만들어주는 도구(철판), 열을 보존하는 뚜껑 역할을 하는 도구(법랑 냄비 또는 스텐 볼)를 오븐 안에 넣고 예열합니다.
	* 철판은 평평한 면이 위를 향하게 뒤집어 예열하세요.
	* 집에 뚜껑으로 쓸 만한 것이 없다면, 그냥 철판만 뒤집어서 예열해요.
칼집(쿠프) 내기	24 약 50분 뒤 최종 발효가 잘되었는지 확인합니다. 최종 발효가 끝난 도우는 손가락으로 표면을 살짝 눌렀을 때 천천히 되돌아오지만 자국이 살짝 남으며, 안에 가스가 가득 차서 빵빵한 느낌이 듭니다.
	25 최종 발효가 끝난 깜빠뉴 그릇 위에 테프론시트(또는 종이호일)를 올리고, 그 위에 식힘망을 반대로 뒤집어서 올립니다.

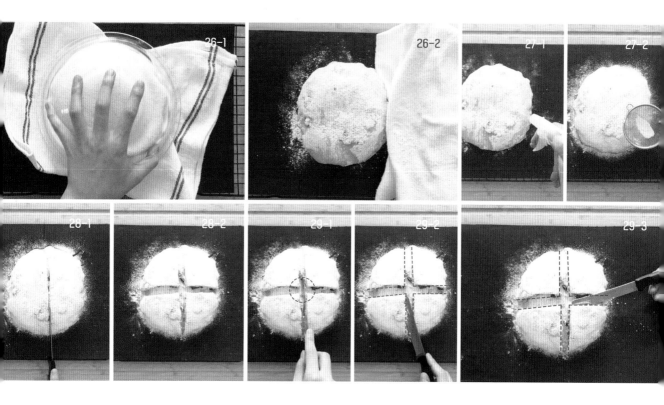

26 식힘망과 테프론시트를 함께 붙잡고 그릇을 뒤집어 도우가 식힘망과 테
    프론시트 위에 안착되게 한 뒤, 조심스럽게 천을 걷어냅니다.

27 접착제 역할을 하도록 표면에 물을 2~3회 분무하고, 그 위에 밀가루를 체
    로 쳐서 뿌립니다.
    * 하얀 밀가루 옷을 입혀서 먹음직스러운 모양으로 만드는 일종의 데커레이션이에요. 안 해도
    괜찮지만, 하는 게 더 예뻐요.

28 가지고 있는 칼이나 칼날을 사용해, 약 3~4mm 깊이로 십자 모양의 칼집을
    냅니다. 너무 얕게 내면 쿠프가 잘 열리지 않을 수가 있습니다.
    * 문구용 커터 칼날을 주방세제로 세척해 사용해도 좋아요.

29 가운데 교차되는 지점을 평행하게 다듬고(사진 29-1), 칼집의 틈새(총 8군데)
    에도 살짝 칼집을 내주면 쿠프가 더 잘 터집니다(사진 29-2, 3).

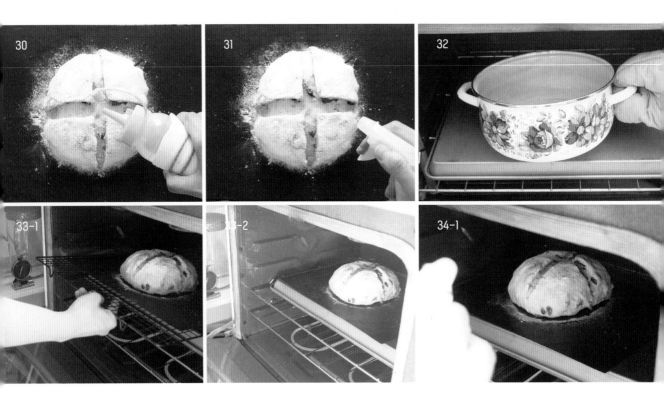

굽기

30 선택 사항) 십자 칼집 사이에 식용유를 살짝 뿌린 뒤 바르면 쿠프가 예쁘게
잘 터집니다.

31 도우 위에 20회 정도 물을 듬뿍 분무합니다.

32 오븐에 도우를 넣기 전, 뚜껑 역할을 하는 도구(법랑 냄비나 스텐 볼)를 넣고
예열했다면 잠시 밖으로 꺼냅니다.

* 뜨거우니 조심하세요.

* 오븐의 문을 연 순간부터는 오븐의 열이 식지 않도록 가능한 한 재빨리 움직여요.

33 오븐 속 예열된 철판 위에 도우를 테프론시트째로 슬라이딩하듯 넣습니다.

34 다시 한번 오븐 안에 물을 20회 정도 분무한 뒤, 함께 예열한 법랑 냄비를
뚜껑처럼 씌우고 250℃에서 5분 굽다가(타이머 5분 세팅) 5분 뒤 오븐 온도
를 230℃로 낮춰 10분 더 굽습니다(타이머 10분 세팅).

* 뚜껑으로 쓸 도구가 없다면, 테프론시트나 쿠킹호일을 뚜껑처럼 덮어주세요. 이렇게만 해도
표면이 늦게 말라 하드빵이 잘 부푸는 효과가 있어요.

35 <u>뚜껑을 씌웠을 경우</u> 10분 타이머가 울리면 뚜껑을 제거하고, 같은 230℃에서 추가로 5~10분 정도 색을 보면서 더 굽습니다.

　＊냄비를 사용했든, 테프론시트를 사용했든 뚜껑으로 쓴 것이 있다면 걷어주세요.

<u>뚜껑을 안 씌웠을 경우</u> 제거할 뚜껑이 없으니, 사진과 같은 색이 날 때까지 쭉 굽습니다.

36 노릇하게 구워지면, 식힘망을 이용해 테프론시트째 받아내듯이 꺼냅니다.

37 테프론시트를 바로 걷어내 통기가 잘되게 한 뒤 식힙니다.

　＊아직 따뜻할 때 빵을 자르면, 잘 안 잘려요. 깜빠뉴는 크기가 커서 식는 데 시간이 더 걸리니 충분히 식힌 뒤 잘라주세요.

　＊겉은 완전히 식고, 안에만 약간의 온기가 남아 있을 때 잘라서 먹어보세요. 구수하고 누룽지 같아서 가장 맛있어요.

　＊겉에 너무 탄 크랜베리나 호두가 있다면 떼어주세요.

Ⓠ : 철판과 뚜껑을 사용해 깜빠뉴를 굽는 이유는 무엇인가요?

Ⓐ : 기름이 들어가지 않고 이스트를 적게 사용하는 하드빵은, 식빵이나 모닝빵 같은 일반 빵에 비해 오븐에서 부푸는 힘이 약합니다. 그래서 잘 부풀게 하기 위해 오븐에 들어가자마자 도우에 강한 밑불이 바로 닿도록 해서(마치 화덕 같은 상태) 구워내는 거예요. 가정용 오븐으로는 강한 밑불(화덕)을 내기 어렵기 때문에 철판이나 무쇠팬을 미리 뜨겁게 예열해 강한 밑불을 만들어주고, 뚜껑이 될 만한 도구(법랑 냄비, 스텐 볼)도 함께 예열해 덮어서 구워줍니다. 그러면 굽는 내내 매우 뜨거운 상태를 유지할 수 있답니다.

이 책에서는 하드빵을 하드빵스럽게(겉이 딱딱하고, 충분히 잘 부풀며, 쿠프가 잘 갈라진) 굽기 위한 방법을 프루트 깜빠뉴와 오버나이트 깜빠뉴 두 가지로 소개하고 있어요. 어느 쪽이든 갖고 있는 도구에 맞춰, 편리하게 느껴지는 방법으로 만들어보세요.

Ⓠ : 오븐에 넣기 전 도우에, 그리고 오븐에 넣고 나서 오븐 안쪽에 물을 많이 뿌리는 이유는 무엇인가요?

Ⓐ : 위에서 언급했듯이, 기름이 들어가고 비교적 이스트를 더 사용하는 소프트빵에 비해 하드빵은 부푸는 힘이 약합니다. 기름과 이스트는 오븐 안에서 빵을 더 많이 부풀리는 역할을 하거든요. 따라서 하드빵을 만들 때는 도우가 잘 부풀 수 있는 환경을 조성해야 하는데, 그 방법 중 하나가 물을 뿌려 스팀 효과를 내는 것입니다. 도우 표면을 촉촉하게 하고 오븐 안의 습도를 높임으로써, 도우 표면이 늦게 말라(늦게 단단해져) 그만큼 더 많이 부풀 수 있게 되는 원리예요. 베이커리 현장에서 사용하는 오븐에는 스팀 기능이 있지만, 고가를 제외한 일반 가정용 오븐에는 스팀 기능이 없기 때문에 분무기로 직접 오븐 안에 물을 뿌려주는 것입니다.

사실, 가정용 오븐으로 스팀 효과를 내기 위해 사용하는 방법은 다양해요. 예를 들어, 자갈을 뜨겁게 예열해서 스팀을 주기도 한답니다. 저는 그중 집에 있을 만한 도구를 사용해 스팀 효과를 낼 수 있는 방법을 레시피로 구성해봤습니다.

Ⓠ : 통밀의 양을 늘리거나, 통밀 100%로 만들 수 있을까요?

Ⓐ : 그럼요. 통밀의 비율을 늘려도 되고, 통밀 100%만으로도 만들 수 있습니다. 단, 다음의 사항을 꼭 기억해주세요. 첫째, 통밀의 비율이 늘어날수록 빵의 볼륨이 작아지며, 빵의 밀도가 높아집니다. 둘째, 통밀은 수분을 더 많이 필요로 합니다. 따라서 레시피에 제시된 물의 양보다 물을 1~2술씩 더 추가해가며 적절한 되기가 되도록 물의 양을 조절하세요.

Q : 저희 집 오븐은 온도가 250℃까지 올라가지 않고 최대 온도가 220℃인데, 깜빠뉴를 만들 수 있을까요?

A : 최대치의 볼륨(가장 잘 구워졌을 때의 부피)으로 굽기는 어려울 수 있지만, 그래도 만들 수는 있습니다. 대신 오븐을 더 오랜 시간을 예열하고, 처음부터 끝까지 가지고 있는 오븐의 최고 온도로 구워주세요.

Q : 건과일이 들어가지 않는 통밀 깜빠뉴를 만들고 싶어요.

A : 책에서 소개하는 레시피를 이용해 만들 수 있어요. 초반 10분 휴지 뒤 건과일을 넣는 공정(10번 공정에 해당)을 생략하고, 도우를 안으로 10번 접어서 표면을 매끈하게 둥근 모양으로 정리합니다. 그러고 나서 1차 발효부터는(11번 공정) 프루트 깜빠뉴와 모든 것을 동일하게 진행하세요.

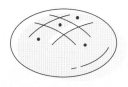

오버나이트 깜빠뉴

저녁에 재료를 섞어놓고, 아침에 굽기만 하면 완성되는 깜빠뉴예요. 간단한 재료와 공정으로, 하룻밤만 지나면 멋진 빵이 탄생합니다. '오버나이트'라는 말이 뭔가 번거롭게 느껴지신다고요? 한 번만 만들어보면, 맛있고 멋스러운 빵을 얼마나 편하게 만들 수 있는지 감탄하게 될 거예요.

※ 이 레시피는 <뉴욕타임스>에 공개된 Jim Lahey의 'No knead bread'가 그 뼈대이며, 저는 여기에 단순한 계량, 편리한 방식, 좀 더 폭신하고 멋스럽게 굽는 방법을 더해 만들었습니다.

저녁
공정

도우 준비
약 10분

오버나이트로
발효하는 시간

최소 12시간~
최대 18시간

아침
공정

약 1시간

재　　료 [지름 약 20cm 1개 분량]

따뜻한 물 300g

인스턴트 드라이이스트 1g(1/4작은술)

소금 8g(1과 1/2작은술)

강력분(또는 중력분) 400g

[덧가루용] 강력분(또는 중력분) 넉넉히

[데커레이션] 강력분(또는 중력분) 약간

오　　븐

• 달군 냄비와 뚜껑을 사용해 빵을 굽습니다.

• 250℃(또는 오븐 최고 온도)로 30분간 예열합니다.

• 온도를 230℃로 낮춰 30분 굽고, 뚜껑을 제거한 뒤 15분 더 굽습니다.

• **오븐 사용 가능한 냄비**

　① 법랑 소재 냄비

　② 무쇠 소재 냄비, 더치 오븐

　③ 스테인리스 소재 냄비

　④ 스테인리스 냄비 아랫부분(본체)+베이킹팬을 뚜껑 삼아 사용

　＊뚜껑이 있는 냄비가 없는 경우에는 일반 베이킹팬, 롯지팬 같은 무쇠팬만으로도, 멋진 빵을 구울 수 있어요.

　＊책에서는 밑지름 22cm, 높이 10cm(뚜껑 포함 높이 15cm)의 법랑 냄비를 사용했어요.

(전날 밤) 믹싱과 1차 발효하기

1   만졌을 때 기분좋게 따뜻한 물(37~38℃ 전후)을 준비합니다.

2   볼에 물을 붓습니다. 이때 물은 다 넣지 않고 10~15g(㎖) 정도를 한쪽에 남겨놓으세요.

　　 *도우는 다음 날 처음보다 약 3배 높이로 부푸니, 그것을 감안해 충분한 크기의 볼을 사용하는 게 좋아요. 저는 용량 약 2.5ℓ의 볼을 사용했어요.

3   인스턴트 드라이이스트를 물 위에 흩뿌린 뒤 살짝 흔듭니다.

4   소금과 밀가루의 순서대로 넣습니다. 주걱을 짧게 쥐고 맷돌을 돌리듯이 한 방향으로 최대한 섞습니다.

5   도우가 단단하고 재료가 잘 섞이지 않는다면, 남겨놓은 물을 조금씩 추가해 적절한 되기(사진 6) 상태가 되도록 골고루 섞습니다.

　　 *남겨놓은 물을 다 넣고도 되다면, 추가로 물을 1~2술씩 더 넣으세요. 상황에 맞게 '되기'[수분량]를 맞추는 게 포인트에요.

6   밀가루를 묻힌 손으로 만졌을 때 쫀득하면서 살짝 늘어나는 정도면 완성입니다.

7   랩을 씌운 뒤 실온(과하게 춥거나 덥지 않은 18~28℃도 기준)의 테이블 위에서 12~18시간 동안 천천히 발효합니다.

      *밀폐되는 뚜껑이 있다면, 그걸 사용하세요.

      *발효는 약 12시간으로 충분하며, 발효 시간이 길어질수록 풍미와 산미(사워도우처럼 살짝 시큼한 맛)가 올라가요. 어느 쪽도 매력이 있으니 취향에 따라 시간을 조정해보세요.

(다음 날) 성형과 최종 발효하기

8   다음 날(약 12~18시간 뒤) 도우는 3배 정도 부풀고, 살짝 고소하고 시큼한 냄새가 나며, 표면이 부글부글한 느낌이 듭니다.

9   오븐 안에 오븐 사용이 가능한 냄비를 넣고, 250℃(또는 오븐의 최고 온도)로 설정한 뒤 타이머를 30분으로 맞춥니다.

10   종이호일을 30×40cm의 크기로 잘라서 준비합니다.

11   덧가루(잘 뭉치지 않는 강력분 추천)를 작업대(도마) 가운데에 아주 넉넉하게 바릅니다.

      *도우가 매우 끈적이기 때문에 평소보다 3배 정도의 덧가루를 뿌리세요.

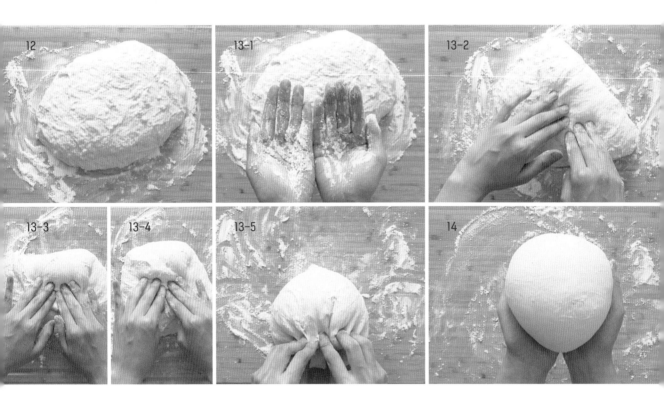

12 도우를 주걱이나 스크래퍼로 깔끔히 긁어서 덧가루를 바른 작업대의 중
  앙에 쏟습니다.

13 손에 밀가루를 묻힌 뒤 가장자리에서 가운데로 접듯이 모아 동그란 모양
  을 잡아줍니다.
  *끈적이면, 다시 손에 밀가루를 묻혀가며 둥글게 모양을 잡아주세요.

14 작업대에 도우가 달라붙으면, 살며시 떼어내 위로 들어 올린 뒤 둥근 모양
  을 잡아줍니다.

15 대략 둥글게 뭉쳐지면, 매끈한 면이 위를 향하게 해서 위로 봉긋한 원형이
되도록 양손으로 모양을 정리합니다.

*이때 너무 도우를 강하게 치대듯 누르지 않고, 도우 안에 들어 있는 가스를 살리듯 부드러운
손놀림으로 둥근 모양을 만들어요.

*프루트 깜빠뉴 성형법과는 좀 달라요. 이 성형법으로 만들면 프루트 깜빠뉴보다는 모양이 좀
더 퍼지고 덜 반듯하게 나오지만, 최종 발효를 많이 안 해도 되고, 손이 덜 간다는 장점이 있어요.

16 모양이 완성되면, 준비한 종이호일 위에 도우를 올립니다. 사용했던 볼을
뒤집어 뚜껑처럼 씌우고(사진 16-2), 9번 공정에서 설정해둔 타이머가 울릴
때까지 발효합니다(이렇게 하면 20~25분 정도 발효하는 것이 됩니다).

*보통, 종이호일과 테프론시트는 호환해서 사용할 수 있지만, 이 레시피에서는 냄비 안에 쉽게
구겨넣을 수 있는 종이호일을 추천해요.

칼집(쿠프) 내기

17 맞춰둔 30분의 타이머가 울리면, 구울 타이밍입니다. 도우는 부풀어서 전
보다 옆으로 좀 더 퍼진 느낌이 듭니다.

18 접착제 역할을 하도록 물을 2~3회 분무하고, 그 위에 밀가루를 체로 쳐
서 뿌립니다.

*하얀 밀가루 옷을 입혀서 먹음직스러운 모양으로 만드는 일종의 데커레이션이에요. 안 해도
괜찮지만, 하는 게 더 예뻐요.

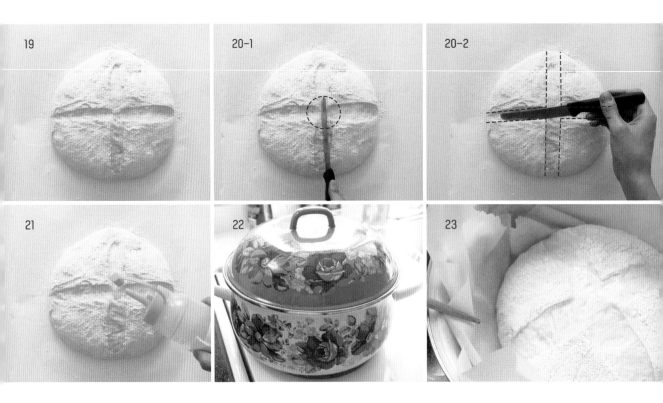

19 가지고 있는 칼이나 칼날을 사용해, 약 3~4mm 깊이로 십자 모양의 칼집을 냅니다. 너무 얕게 내면 쿠프가 잘 열리지 않을 수 있습니다.

＊문구용 커터 칼날을 주방세제로 세척해 사용해도 좋아요.

＊칼집을 내서 구우면, 도우가 오븐 안에서 잘 부풀어 볼륨이 좋고 기공이 잘 열리며, 빵이 폭신해져요.

20 가운데 교차되는 지점을 평행하게 다듬고, 칼집의 틈새(총 8군데)에도 칼집을 살짝 내면 쿠프가 더 잘 터집니다.

21 선택 사항) 십자 칼집 사이에 식용유를 살짝 뿌린 뒤 바르면 쿠프가 예쁘게 잘 터집니다.

22 준비를 마쳤으면 오븐 장갑을 끼고, 예열된 냄비를 오븐에서 조심히 꺼냅니다.

＊냄비 바닥이 매우 뜨거우니 냄비 받침을 사용해요.

굽기

23 종이호일째 조심스럽게 들어서 냄비 안으로 옮긴 뒤, 도우가 찌그러지지 않게 젓가락 등을 사용해 종이호일을 안쪽으로 구겨넣어 정리합니다.

＊냄비가 매우 뜨거우니 피부가 닿지 않도록 조심하세요.

24 냄비 안에 물을 3회 분무합니다.

* 물이 빵의 표면과 냄비 안을 촉촉하게 해서 껍질이 늦게 형성되고, 빵이 더 잘 부풀어요.

* 열이 잘 보존되는 구조이니, 프루트 깜빠뉴만큼 물을 많이 뿌리지 않아도 돼요.

25 뚜껑을 덮어 다시 오븐 안에 넣은 뒤 230℃로 온도를 낮춰 30분간 굽습니다.

* 냄비가 식기 전에 이 과정을 빠르게 진행하세요.

26 30분 뒤 뚜껑을 제거하고, 15분간 사진과 같은 노릇한 색이 날때까지 더 굽습니다.

* 30분 구웠을 때의 모습이에요(사진 26-2).

27 약 15분 뒤 오븐에서 냄비를 꺼내고 종이호일을 잘 잡은 채로 조심스럽게 빵을 꺼냅니다.

28 식힘망으로 옮겨 종이호일을 제거하고 잘 식힙니다.

* 아직 따뜻할 때 빵을 자르면, 잘 안 잘려요. 깜빠뉴는 크기가 커서 식는 데 시간이 더 걸리니 충분히 식힌 뒤 잘라주세요.

Q & A

Q : 물을 뿌리면 빵이 잘 부푸는 효과가 있다고 하셨는데요. 왜 냄비+뚜껑 조합으로 할 때는 물을 3회밖에 안 뿌리고, 프루트 깜빠뉴 레시피의 방법으로 구울 땐 더 많이 뿌리나요?

A : 냄비+뚜껑 조합으로 구울 때는 뚜껑을 닫아 뜨거운 열을 완전히 가둬버리니, 물을 많이 뿌리면 오히려 껍질이 너무 질겨져요. 뜨거운 오븐 안에 수분을 주는 것을 '스팀 준다'라고 하는데, 적절히 주면 빵이 잘 부풀지만 너무 많이 주면 수분이 다 날아가지 못해 껍질이 질겨지는 원인이 됩니다. 그래서 뚜껑을 닫아 구울 땐, 물을 딱 3회만 뿌리는 것으로 제시했어요.

Q : 저희 집 오븐은 크기가 작아 양을 줄여 반 배합으로 굽고 싶은데요. 이럴 땐 어떻게 구워야 하나요?

A : 예열하는 것까지는 앞의 공정과 모두 같고, 굽는 '시간'만 다릅니다.
　① 뚜껑 있을 때 : 230℃에서 20분 굽다가 뚜껑을 제거하고 10분 더 굽기
　② 뚜껑 없을 때 : 250℃(또는 오븐 최고 온도)에서 5분 굽다가 온도를 230℃로 내린 뒤 약 20~25분
　　간 굽기

Q : 한여름이라 집 안이 매우 더워요. 이렇게 더운데 도우를 실온에 12시간 두어도 괜찮을까요?

A : 그럴 경우에는 따뜻한 물이 아닌 차가운 물을 사용해서 도우의 온도를 내려주세요.

Q : 저는 오븐에 사용 가능한 냄비가 없어서, 프루트 깜빠뉴 레시피에서 소개한 굽는 방법(베이킹팬+테프론시트 또는 스텐 볼 뚜껑)으로 굽고 싶은데요. 굽는 시간을 어떻게 해야 할까요?

A : ① 베이킹팬과 스텐 볼을 250℃(또는 오븐 최고 온도)로 20~30분간 예열합니다.
　② 250℃(또는 오븐 최고 온도)에서 10분간 구운 뒤, 온도를 230℃로 낮춰 겉면 색을 보며 약 30분간 더 굽습니다.
　③ 이때 뚜껑(냄비나 스텐 볼 또는 테프론시트나 쿠킹호일)은, 도우를 오븐에 넣은 지 15분이 지나면 걷어냅니다.
　＊굽기 전에 도우 표면에 물 분무하기(스팀)를 잊지 마세요.

Q : 반대로, 프루트 깜빠뉴 레시피를 냄비와 뚜껑을 이용해 굽는 방법으로 만들고 싶은데, 굽는 시간을 어떻게 해야 할까요?

A : 프루트 깜빠뉴는 오버나이트 깜빠뉴보다 크기가 작아 짧게 구우면 됩니다. 다음을 참고해 보세요.

① 오븐에 냄비를 넣고 250℃(또는 오븐의 최고 온도)로 20~30분간 예열합니다.

② 예열이 끝나면 냄비에 도우를 넣어 다시 오븐 안에 넣은 뒤, 온도를 230℃로 낮춰 15분간 굽습니다.

③ 15분 뒤 뚜껑을 제거하고, 겉면 색을 보며 10~15분 정도 더 굽습니다.

치아바타

치아바타가 이탈리아어로 '슬리퍼'라는 뜻, 알고 계셨나요? 치아바타 특유의 모양 때문에 그런 이름이 붙었다고 해요. 이름처럼 친근한 치아바타는 제가 가장 좋아하는 빵이기도 합니다. 풍부한 기공이 선사하는 부드럽고 폭신한 식감과 극강의 풍미는 치아바타의 백미랍니다. 치아바타를 만들 때 꼭 필요한 풀리시 공정은 살짝 번거로워 보이긴 해도 성공적인 치아바타를 만들 수 있게 도와줄 거예요.

풀리시

약
11~12시간

본 도우

약
3시간 30분

재　　료 [18×10cm 4개 분량] | 사각 용기[20×15×7.5cm] 1개

[풀리시]

실온의 물 160g

인스턴트 드라이이스트 3꼬집(1/12작은
술= 약 0.26g)

강력분 160g

[본 도우]

풀리시 320g

＊전날 준비해 발효된 풀리시의 총량이 320g예요.

실온의 물 150~160g

＊습한 날에는 150g, 건조한 날에는 160g을 추
천해요.

강력분 240g

인스턴트 드라이이스트 2g(1/2작은술)

소금 8g(1과 1/2작은술)

꿀(선택 사항) 15g(1큰술)

올리브오일 15g(1큰술)

[올리브치즈 치아바타]

체더치즈 40g

＊0.7mm 크기의 큐브 형태로 준비해요.

올리브 40g

＊키친타월로 물기를 제거해 준비해요. 여분의
　물기가 들어가면 도우가 질어져요.

[코팅용] 올리브오일 약간

[덧가루용] 강력분 넉넉히

오　본

• 250℃(또는 오븐 최고 온도)로 예열하고 온도를 220℃로 낮춰 약 13~18분간 사
진과 같이 노릇노릇해질 때까지 굽습니다.

• 예열 시 철판을 뒤집어 오븐 안에 넣고 20분 이상 충분히 예열합니다. 밑불이
받쳐줘야 기공이 잘 나오므로 철판은 밑불에 가까운 단에 두는 것이 좋습니다.
저는 오븐 4개의 단 중 아래서 두 번째 단을 사용합니다.

1 사진과 비슷한 크기(가로 20cm, 세로 15cm, 높이 7.5cm)의 사각 용기 1개를 준비합니다.

    ✱ 크기는 꼭 같지 않아도 돼요. 대략 비슷한 크기를 준비하세요.

    ✱ 치아바타를 꼭 사각 용기에 발효해야 하는 것은 아니지만, 사각 용기를 사용하면 반듯하고 네 모난 모양을 만들기가 편해요.

2 만졌을 때 살짝 찬기가 느껴지는 물(실온의 물)을 준비합니다.

    ✱ 생수를 집 안 실온에 두었을 때의 온도는 22~27℃로, 만졌을 때 살짝 찬기가 느껴져요.

3 용기에 분량의 물을 붓고, 인스턴트 드라이이스트를 흩뿌립니다.

    ✱ 사진에 보이는 정도가 1꼬집(엄지와 검지로 가득 집은 정도)이에요. 이렇게 세 번, 또는 1/4작은 술의 1/3=(1/12작은술)을 넣어요.

4 강력분을 넣어 뭉치는 곳 없이 잘 섞고 주걱에 묻은 것까지 떼어낸 뒤, 뚜껑을 덮어 실온의 테이블 위에서 약 11시간 정도 발효합니다.

    ✱ 저는 보통 전날 밤 8~11시 정도에 만들어놓고, 다음 날 사용해요. 편한 작업 시간에 맞춰서 풀 리시를 만들어보세요.

잘 발효된 풀리시 확인하기

★★★★★

다음 날, 풀리시가 잘 발효되었는지 확인합니다. 아래 사진과 특징을 참고해 상태를 비교해보세요!

다음 날 잘 완성된 풀리시의 표면 (여러분의 풀리시도 이런 모습인가요?)

➕ 잘 발효된 풀리시의 특징

• 표면에 큰 기포, 작은 기포가 자글자글하고 선명한 주름이 많이 보여요.

• 냄새를 맡으면 확실한 발효취가 나요. 버터리한 견과류향 같기도 하고, 살짝 시큼함도 느껴지는 풀리시 특유의 냄새가 나요.

• 부피가 전날보다 3배 정도로 부풀어 있어요.

• 발효가 약간 덜 된 풀리시를 써도, 빵이 아예 실패하는 건 아니지만, 그래도 피크에 도달한 풀리시(정확히 말하면, 피크에 도달한 뒤 살짝 그 피크를 지나친 상태: 도우의 가장자리가 살짝 처진 느낌이 들면서, 가운데가 살짝 가라앉아요)를 썼을 때 풀리시 특유의 고소한 풍미와 스펀지한 느낌이 극대화된답니다.

➕ 주의점

• 잘 발효된 풀리시를 사용해야 빵 맛이 좋아지므로, 아직 냄새가 잘 안 느껴지거나 주름이 보이지 않고 기포가 자글자글한 느낌이 부족하다면, 조금 더 기다렸다가 사용해요.

• 과발효된 풀리시는 가장자리가 과도하게 가라앉았으며, 주걱으로 떴을 때 원가 도우에 힘이 없고 축축 처지는 느낌이 들어요. 이렇게 과발효된 풀리시를 사용하면 부푸는 힘이 약해 치아바타의 볼륨이 작게 나와요.

내 풀리시가 잘 발효됐는지 확인했다면, 다음 페이지로 넘어가 본 공정을 시작해 봐요!

잘 발효된 풀리시를 사용하는 것은 치아바타 만들기의 반이라고 할 수 있을 정도로 매우 중요합니다.

◆TIP : 풀리시(Poolish)는 무엇인가요?

풀리시는 밀가루, 밀가루와 같은 양의 물, 소량의 이스트(보통 밀가루의 0.1~0.2% 전후)를 섞어서 만드는 발효종(사전 발효 도우)이에요. 기포가 보글보글할 때까지, 최소 8~16시간 정도 발효해서 씁니다. 풀리시를 넣어서 빵을 만들면 빵에서 특유의 감칠맛과 풍미가 나고, 빵의 신장성도 좋아지며, 노화도 느려집니다.

풀리시의 발효 속도 조절하기

이스트의 사용량, 물의 온도, 발효 온도로 풀리시의 발효 속도를 조절할 수 있어요. 보통은 이스트의 양으로 조절하는 게 가장 쉽겠지요? 발효 속도를 좀 더 올리고 싶다면 이스트를 더 넣고, 발효를 좀 더 천천히 시키고 싶다면 이스트를 덜 넣어서 속도를 조절해보세요. 제가 제시한 양은, 과하게 덥거나 춥지 않은 보통의 실내에서 11시간 정도 발효했을 때 완성되는 것을 기준으로 합니다.

믹싱과 휴지시키기
(오토리즈)

5 만졌을 때 살짝 찬기가 느껴지는 물(실온의 물)을 준비합니다.

6 풀리시가 들어 있는 사각 용기에 분량의 물과 강력분을 넣고, 가능한 한 덩어리지지 않도록 주걱으로 으깨듯이 완전히 섞습니다.

7 그 위에 분량의 이스트를 흩뿌립니다.

＊지금 미리 이스트를 표면에 흩뿌려놓으면, 표면의 수분으로 인해 나중에 이스트가 도우에 잘 스며들어요.

8 뚜껑을 닫아 최소 20분~최장 1시간 휴지시킵니다(오토리즈).

＊【오토리즈】밀가루가 물을 흡수할 시간을 주는 것으로, 빵의 신장성이 좋아지고 노화가 느려져요. 시간의 여유가 있다면 1시간까지 해도 좋아요. 오토리즈 시간을 충분히 가질수록 풍미가 더 좋아져요.

9 휴지한 뒤 물을 적신 손으로 이스트가 뿌려져 있는 윗부분이 안으로 가도록 도우를 한 번 뒤집은 뒤, 그 위에 소금을 흩뿌립니다.

10 손에 물을 한 번 더 묻힌 뒤 손바닥으로 표면을 비벼 소금을 약간 녹이고(사진 10-2), 소금의 까끌까끌함이 조금 사라질 때까지 조물조물 섞습니다(사진 10-3).

11   소금의 까끌까끌함이 어느 정도 사라지면, 그 위에 꿀(선택 사항)을 뿌리고
     조물조물 섞어 어느 정도 흡수시킵니다.
     ＊올리브오일을 넣어 또 섞으니까 이 단계에서 완벽하게 흡수시키지 않아도 괜찮아요.
     ＊꿀이 없다면 안 넣고도 만들 수 있지만, 넣으면 더 맛있어요.

12   마지막으로 분량의 올리브오일을 뿌린 뒤 손으로 짜내듯 섞어서 겉도는
     미끌거림이 사라질 때까지 완전히 흡수시킵니다.

13   **플레인 치아바타** 올리브오일이 완전히 흡수되면 플레인 치아바타 믹싱
     이 끝납니다(사진 13-1). 이제 1차 발효에 들어가면 됩니다.
     올리브치즈 치아바타 올리브오일이 흡수되면, 체더치즈와 올리브를 넣
     고 조물거리듯이 도우 안에 골고루 분포시켜 믹싱을 마무리합니다(사진
     13-2~3).
     ＊충전물의 유무와 상관없이 앞으로 모든 공정은 같아요.

14   도우가 완성되면, 올리브오일(분량 외)을 살짝 뿌려 도우 표면에 코팅하듯
     바릅니다.
     ＊이렇게 해놓으면, 나중에 폴딩할 때 다루기가 편해요.

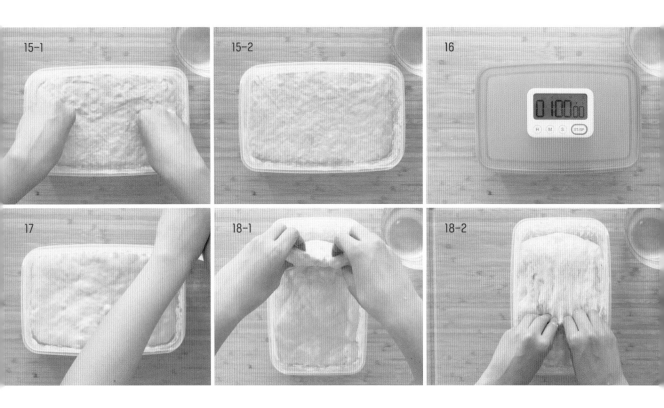

15 물 묻힌 손으로 표면이 균등하도록 매만집니다. 이렇게 도우의 두께를 균등하게 해놓을수록 모양이 예쁘게 나옵니다.

1차 발효와 폴딩하기

16 뚜껑을 덮어 실온의 테이블 위에서 1시간 발효합니다.

17 1시간 뒤 폴딩을 하기 전에 손에 물을 묻힙니다.

　* 폴딩하기 전 손에 물을 묻히면, 손에 도우가 덜 달라붙어요. 폴딩하는 중간중간에도 손에 물을 묻혀가면서 하면 덜 끈적여 작업하기 편해요.

18 통을 90° 돌려 세로로 길게 놓고, 양손으로 도우를 늘려 잡아 위에서 아래로 1/3 정도 포개듯이 접습니다.

　* 폴딩할 때 최대한 반듯하고 예쁘게 접을수록 나중에 모양이 예쁘게 나와요.

19 다시 통을 180° 돌려 반대 방향으로 길게 놓고, 양손으로 도우를 늘려 잡
    아 위에서 아래로 완전히 포개듯이 접습니다.

20 통을 다시 90° 돌려 가로로 길게 놓고, 마찬가지로 양손으로 도우를 늘
    려 잡아, 위에서 아래로 1/3 포개 접고, 다시 아래서 위로 포개 접어서
    마무리합니다.

21 물 묻은 손으로 가능한 한 평평하게 매만진 뒤, 다시 40분간 발효합니다.

22 40분 뒤, 손에 물을 묻힌 뒤 첫 번째 폴딩과 동일한 방식으로 동서남북 사
    방으로 폴딩합니다.

23 폴딩이 끝나면 도우의 앞뒤를 뒤집은 뒤(사진 23-1, 2) 가능한 한 평평하게
   매만져서 마무리합니다.

   *【뒤집는 이유】 나중에 치아바타 도우를 통에서 빼낼 때, 좀 더 매끈한 면이 치아바타의 윗면에
   오게 하기 위해서예요.

24 마지막으로 40분간 한 번 더 발효합니다.

   *【정리】 ① 60분 발효 - ① 폴딩 - ② 40분 발효 - ② 폴딩 - ③ 40분 발효

25 마지막 발효가 끝나기 10분 전, 오븐에 철판 한 장을 뒤집어 넣고 철판과 오
   븐을 동시에 250℃(또는 오븐의 최고 온도)로 20분 이상 충분히 예열합니다.

   *치아바타를 잘 부풀리기 위해서는 강한 밑불이 필요해요. 그러니 철판을 밑불에 가까운 쪽에
   위치시키는 게 좋아요. 저는 치아바타를 구울 땐 오븐 4개의 단 중 아래서 두 번째 단을 사용해요.

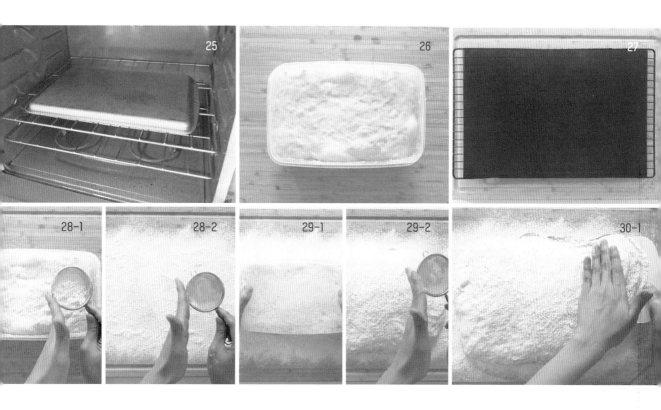

성형과 최종 발효하기

26 40분 뒤 1차 발효가 끝난 도우는 굉장히 부풀어, 통을 살짝 흔들면 출렁 출렁합니다.

27 식힘망 위에 종이호일이나 테프론시트를 깔아서 준비합니다.

　*화덕에 피자를 굽듯이 구워낼 거예요.

28 작은 체를 이용해 도우 표면과 작업대 위에 밀가루를 아주 충분히 뿌립 니다.

　*치아바타 도우는 매우 질어서 덧가루를 충분히 사용해야 달라붙지 않아요. 평상시보다 3~4 배 많이, 거의 작업대가 빡빡할 정도로 뿌려주세요.

　*덧가루는 강력분을 사용하는 게 가장 적합해요. 강력분이 부족하다면 중력분을 사용해도 돼요.

　*작은 체를 사용하면 덧가루를 좀 더 고르게 뿌릴 수 있어 수분이 많은 도우를 작업하기에 편 리해요.

29 통을 뒤집어서 도우를 꺼내고, 그 위에 다시 덧가루를 충분하게 뿌립니다.

30 스크래퍼로 가장자리를 펴서 모양을 다듬어줍니다.

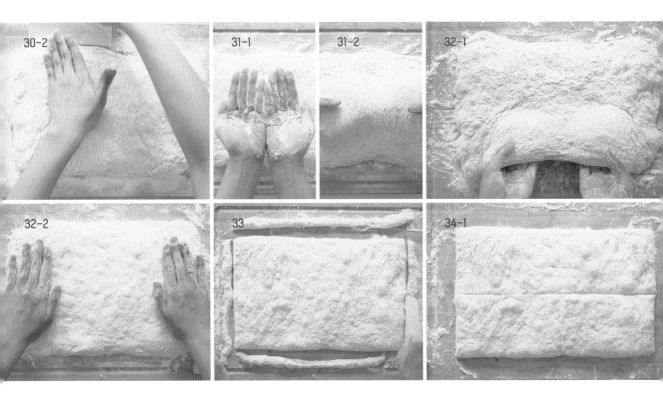

31 손에 밀가루를 듬뿍 묻힌 뒤, 가운데 부분에 손을 집어넣어 도우를 폅니다.

*가운데 부분의 도우가 가장자리 도우보다 두껍고 뭉쳐 있기 때문에, 균일한 두께를 위해 가운데를 펴주는 거예요.

*손에 밀가루를 듬뿍 묻힌 뒤 도우를 만지면 다루기가 편해요.

32 한 번 더 손과 스크래퍼로 모양을 다듬어 최대한 균등한 두께(2~2.5cm 정도)의 반듯한 직사각 모양으로 폅니다.

*이때 치아바타 도우를 짓누르지 않고, 부드럽게 다뤄주세요.

*사진 32-2는 두께가 균등한 상태인지 손바닥으로 느껴보는 것으로, 도우를 짓누르는 동작은 아니에요.

*도우의 가로세로 길이는 사용한 용기의 크기와 모양에 따라서 달라질 수 있어요. 참고로 저는 36×20cm 정도가 나왔어요.

33 선택 사항) 가장자리를 스크래퍼로 자릅니다.

*자르면 모양이 반듯해져요. 아깝다면 잘라내지 않아도 괜찮아요.

34 스크래퍼로 4등분이 되도록 미리 줄을 긋고, 반듯하게 잘라 4등분합니다.

*개당 크기와 개수는 원하는 대로 할 수 있어요. 각자 사용한 용기의 크기에 따라 달라질 거예요. 저는 가로 16cm, 세로 8cm 정도의 크기가 되도록 만들었어요.

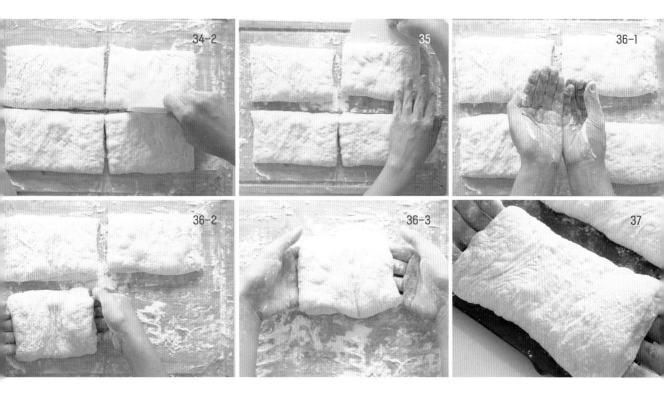

35 4등분 하자마자 서로의 옆면이 달라붙지 않도록 스크래퍼를 이용해 옆으
로 분리해놓습니다.

＊이렇게 해야 서로 달라붙지 않아요. 매우 끈적한 도우라 서로 잘 달라붙어요.

36 밀가루를 묻힌 손으로 도우를 살며시 든 뒤 바닥에 살짝 쳐서 도우에 묻은
밀가루를 털어줍니다.

＊【도우를 안전하게 옮기는 법】흐물거리는 치아바타 도우를 만지는 게 조심스럽게 느껴질 수 있
어요. 이때 도우를 고무줄 같다고 생각해보세요. 도우를 들 때는 살짝 느슨하게 들어서 옮기
고, 식힘망 위에 내려놓을 땐 다시 펴주듯이 내려놓아요.

37 미리 준비해놓은 테프론시트(또는 종이호일)과 식힘망 위에 도우를 살며시
올립니다.

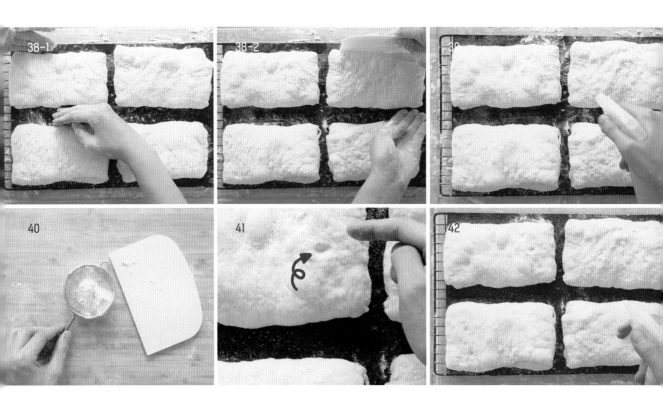

38 손으로 모양을 다듬고, 스크래퍼로 치아바타의 각을 살려 네모진 모양으로
매만집니다.

39 물을 6회 정도 분무한 뒤 이 상태로 실온의 테이블 위에서 5~10분간 최종
발효합니다.

   *저는 보통은 7분간 최종 발효해 구워요. 하지만, 집 안이 덥게 느껴질 땐 5분 정도, 서늘하게
느껴질 땐 10분 정도 하는 편입니다.

40 작업대 위에 밀가루는 스크래퍼로 모은 뒤 체에 치면 재사용이 가능합니
다.

굽기

41 5~10분 뒤 도우는 전보다 부풀어 있습니다. 밀가루를 묻힌 손으로 표면을
찔렀을 때 확연한 자국이 남으면 이제 구워도 된다는 신호입니다.

42 도우 표면에 4회 분무합니다.

43   250℃(또는 오븐의 최고 온도)로 예열된 오븐에 테프론시트(종이호일)째 슬라
      이딩하듯이 넣고, 재빨리 오븐 안에 4회 분무한 뒤 문을 닫습니다. 그리고
      온도를 220℃로 내린 뒤 약 13~18분간 사진과 같은 황갈색이 될 때까지 굽
      습니다.

      *굽는 정도는 취향에 따라 달라질 수 있어요. 다만 색을 연하게 구울수록 밀가루 풋내가 나기
      쉽고, 너무 진하게 구우면 식은 뒤 껍질이 질기게 느껴질 수 있어요.

44   구운 치아바타는 식힘망을 이용해 받아내듯 꺼냅니다.

45   바로 테프론시트(종이호일)를 제거한 뒤 식힘망 위에서 식힙니다.

      *15분 정도 뒤, 치아바타에 아직 온기가 있고 겉이 바삭할 때 먹으면 아주 맛있어요.

46   잘 구워진 치아바타의 단면입니다.

오토리즈(Autolyse)

밀가루, 물(여기에 발효종까지)을 섞어 밀가루가 물을 잘 흡수하도록 최소 20분~3시간까지 휴지하는 것을 말합니다. 오토리즈법을 처음 소개한 레이몽 칼벨(Raymond Calvel) 교수에 따르면, 20분~3시간을 휴지시키며, 이 과정을 통해 글루텐 발달이 시작되고 전분이 분해되면서 단당이 형성되기 시작한다고 해요. 빵의 신장성과 풍미가 좋아지므로, 시간의 여유가 있는 분들은 시간을 길게 가지면 좋아요. 치아바타나 바게트같이 설탕이 들어가지 않고 최소한의 재료로 만드는 빵의 경우, 오토리즈를 하면 볼륨이나 기공이 좋아지고, 풍미가 더 살아납니다. 베이커들 중에는 5시간, 또는 8시간까지 오토리즈를 하는 사람도 있습니다.

치아바타가 더 맛있어지는 다섯 가지 법칙

① **온도** 비교적 높은 온도에서 구울수록 껍질이 두껍고 색이 진하며 바게트처럼 고소한 누룽지 맛이 강해요. 시간이 지나면 상대적으로 껍질이 질겨지는 경향이 있으며, 또한 기공이 상대적으로 큽니다. 반대로, 비교적 낮은 온도에서 구울수록 껍질이 얇고 색이 엷게 나오고, 시간이 지난 뒤에도 그리 질기지 않으며, 기공이 상대적으로 자잘하고 조밀한 경향이 있습니다.

② **아랫불** 아랫불이 강하게 받쳐주어야 위로 뽕 하고 부풀며 기공도 열려요. 반대로 아랫불이 약하면 힘을 받지 못해, 상대적으로 오븐 안에서 덜 부풀어요.

③ **수분율** 수분율이 높을수록 더 가볍고 기공이 크게 구워져요. 반대로 수분율이 낮을수록 밀도 있고 무거운 느낌으로 구워져요.

④ **과발효 주의** 과발효된 풀리시를 썼거나, 도우 전체가 과발효된 경우에는 도우를 다룰 때 매우 질게 느껴지고, 힘이 없고 축축 처지는 느낌이 들어요.

⑤ **밀가루 풋내 주의** 흰색에 가까운 연한 색으로 구울 경우, 자칫 밀가루 풋내를 느낄 수도 있어요.

·도와주세요·
Q & A

ⓠ : 사진처럼 기공이 열리지 않고, 볼륨이 약하고 단면이 조밀한 치아바타로 구워졌어요. 왜 그럴까요?

ⓐ : 몇 가지를 생각해볼 수 있답니다. 첫째, 아랫불이 약했을 수 있습니다. 만약 아랫불 자체가 아예 없거나(가정용 오븐 중에는 윗불만 있는 오븐도 많아요) 아랫불이 약한 오븐이라면, 아랫불이 확실히 받쳐주는 오븐을 사용했을 때 비해, 기공이 작고 볼륨이 약하게 나올 수 있어요.
둘째, 도우 자체에 문제가 있었을 수 있습니다. 정확한 양의 재료가 들어갔는지(소금을 너무 많이 넣진 않았는지, 이스트는 제대로 들어갔는지, 개봉했던 이스트를 실온에 보관했다가 쓰진 않았는지), 풀리시의 발효가 부족하거나 과발효되지는 않았는지 되짚어보세요.

Q : 풀리시가 자꾸 과발효되는 것 같아요.

A : 과발효된 풀리시는 주걱으로 떴을 때 이미 도우에 힘이 없고, 축축 처지는 느낌이 들어요. 요즘은 집에서도 에어컨 등 대부분 냉방 시설을 잘 갖추고 살기 때문에, 여름이라고 해도 집 안이 과하게 더워지는 경우(30도 이상)가 많지는 않을 거예요. 하지만 자꾸만 풀리시가 과발효된다면, 집 안이 너무 더워서 그럴 수도 있으니, 풀리시를 만들 때 매우 차가운 물(냉장고에 차갑게 보관한 물)을 사용해 발효 환경을 조정해보세요.

Q : 철판을 미리 예열해서 피자 굽듯이 굽는 이유가 있을까요?

A : 치아바타나 바게트처럼 이스트가 적게 들어가고, 오일이나 당류가 적게 들어가는 빵류는 부푸는 힘이 약합니다. 따라서 오븐에 들어가자마자 도우에 바로 열이 전달되도록 하기 위해(최대한 껍질이 생기기 전에 많이 부풀리기 위해) 화덕에 피자를 굽듯이 굽는 거예요. 이렇게 구웠을 때 빵의 기공과 볼륨이 좋아집니다.

Q : 색이 연하고 말랑한 껍질의 치아바타를 만들고 싶은데, 어떻게 하면 될까요?

A : 껍질이 말랑한 치아바타로 만들고 싶다면, 온도를 210~200℃ 정도로 낮춰서 굽고, 굽는 시간도 줄여보세요. 낮은 온도로 짧게 구우면 껍질이 말랑해지고 색이 연해지며 기공은 좀 작아지는 경향이 있어요. 불이 강할수록 기공이 잘 나오는데, 불이 약해지면 아무래도 부푸는 힘이 약해서 기공이 좀 더 조밀해집니다. 또 껍질 색이 연해질수록 먹었을 때 밀가루향이 더 느껴지는 편입니다. 향에 예민하지 않다면 못 느낄 수도 있을 거예요. 그러니 여러 가지 방법으로 구워보면서 취향에 맞는 치아바타를 찾아보세요.

Q : 제시된 온도와 시간으로 구웠는데 치아바타 색이 너무 진하고, 겉이 너무 질겨요.

A : 오븐의 제조사나 기종에 따라 오븐의 실제 온도가 설정 온도보다 더 높아서 그럴 수 있습니다. 이럴 경우엔 레시피에 제시된 온도보다 낮게 설정해서 구워보세요. 온도를 낮게 설정해야만 실제 온도와 맞게 나오는 것일 수 있어요. 반대로 온도를 높게 설정해야만 실제 온도와 맞게 나오는 경우도 있고요. 오븐에 따라 빵이 구워지는 느낌도 천차만별이 될 수 있기에, 본인이 사용하는 오븐의 특성을 알아가는 것이 좋은 결과물을 내는 데 큰 도움이 됩니다. 이는 치아바타뿐만 아니라 모든 베이킹에 해당하는 내용이에요.

Q : 처음엔 겉이 바삭했는데, 밀폐 용기에 넣으니 눅눅해졌어요. 왜 그런 건가요?

A : 아쉽게도, 치아바타뿐만이 아니라 빵을 밀폐된 공간에 넣으면 껍질의 바삭함이 사라집니다. 바게트나 깜빠뉴 또한 밀폐된 곳에 넣으면 바삭했던 껍질이 말랑해지고, 바삭했던 소보로빵의 소보로나 모카빵의 비스킷도, 밀폐된 곳에 넣으면 부드러워집니다. 그래서 계속 바삭한 상태로 치아바타를 즐기고 싶다면, 밀폐된 곳에 넣지 않고 실온에 두거나 종이봉투에 넣는 정도가 좋아요. 대신 이 경우 시간이 지날수록 빵이 건조해지고 마릅니다. 둘 다 장단점이 있기 마련이에요. 바삭한 껍질을 다시 즐기고 싶다면, 치아바타 위에 물을 살짝 뿌린 뒤 180℃로 예열된 오븐에 5분 정도 구워 먹으면 맛있습니다. 에어프라이기를 사용해도 좋고요.

Q : 강력분 대신에 프랑스의 T55 밀가루를 사용해도 될까요?

A : 책에 소개한 레시피는 일반 강력분을 사용해 제작된 레시피예요. 따라서 치아바타 초보라면 일반 강력분을 사용해 레시피대로 만들어보면서 치아바타의 '감'을 익혀보시길 바랍니다. T55 밀가루를 사용할 경우, 풀리시는 원래의 비율(물과 밀가루의 1:1 비율)대로 만들되, 본 도우를 믹싱할 땐 제시된 물의 양보다 30g 정도 덜 넣고 믹싱해본 뒤, 도우의 되기를 확인해가며 물을 더 넣을지 말지를 결정합니다. 이때 추가로 넣는 물은 한 번에 많이 넣지 않고 1술 정도씩 추가하고 섞어가며 되기를 맞춥니다. 최종적으로 필요했던 물의 양을 메모해놓으면 다음 베이킹에 도움이 될 거예요. T55 밀가루는 수분율이 높기 때문에 일반 강력분과 같은 양의 물을 사용하면 도우가 질어져요. 따라서 레시피에 T55를 사용하라고 적혀 있지 않다면, 우선은 물을 덜 넣고 되기를 맞춰가는 것이 바람직하답니다.

프레츨

프레츨 가게를 지날 때마다 솔솔 풍기는 버터향에 발길을 멈춘 적이 있을 거예요. 바로 그 집, 제가 좋아하는 프레츨 전문점 '앤티앤스'의 소프트 프레츨을 오마주해 레시피를 만들어 봤답니다. 원작보다는 덜 오일리하지만 적당히 묵직하고 쫄깃한 식감이 살아 있는 프레츨이에요. 갖고 있는 재료를 활용해 세 가지 맛의 프레츨을 만들어보세요.

재　　료 [6개 분량]

우유 100g

물 100g

인스턴트 드라이이스트 5g(1과 1/2작은술)

황설탕(또는 백설탕) 35g

소금 5g(1작은술)

녹인 버터 25g

＊전자레인지로 10~15초간 데운 뒤 녹여서 미
리 준비해요.

강력분 150g

중력분 150g

[베이킹소다 배스]

베이킹소다(식소다) 40g

＊일반 베이킹소다가 아닌 프레츨소다를 사용
할 땐 프레츨소다 80g, 물 400g의 비율로 쓰
세요.

뜨거운 물 400g

[오리지널 맛] 굵은 소금 약간

[아몬드 맛] 아몬드 70g + 설탕 50g

＊6개를 만들 수 있는 양이므로, 개수에 맞춰 양
을 조절해서 사용해요. 예를 들어, 아몬드 맛
을 3개 만든다면 위의 양을 반으로 줄여서 준
비하세요.

[시나몬 맛] 시나몬파우더 2g(1작은술) + 설
탕 65g

＊6개를 만들 수 있는 양이므로, 개수에 맞춰 양
을 조절해서 사용해요. 예를 들어, 시나몬 맛
을 3개 만든다면 위의 양을 반으로 줄여서 준
비하세요.

[바르는 용] 녹인 버터 30g

[코팅용] 식용유 약간

[덧가루용] 강력분(또는 중력분) 약간

오　　븐

• 230℃로 예열된 오븐에서 약 8~12분간 굽습니다.

• 우녹스 오븐이나 스메그 오븐처럼 평소 오븐 열이 강한 편이라면 220℃로 낮
춰서 굽는 것을 추천합니다.

• 오븐과 환경에 따라 온도와 시간이 달라질 수 있으니, 제시된 온도와 시간을
바탕으로 '사진과 같은 색'이 나면 꺼내주세요.

믹싱과 1차 발효하기

1 내열 용기에 분량의 우유와 물을 담아 전자레인지로 약 30초간, 만졌을 때 기분 좋게 따뜻한 정도(37~38℃ 전후)로 데웁니다.

　＊너무 뜨거우면 저어서 식힌 뒤 사용해요. 액체의 온도로 도우의 온도를 조절해요.

2 볼 안에 데운 우유와 물을 붓습니다. 이때 다 넣지 않고 10~15g(㎖) 정도를 한쪽에 남겨놓으세요.

3 인스턴트 드라이이스트를 표면에 흩뿌린 뒤 살짝 흔듭니다.

4 황설탕을 넣고 녹입니다.

　＊황설탕은 입자가 크고, 굳어 있을 수 있으니 녹여주세요. 백설탕을 사용하면 생략해도 되는 과정이에요.

5 소금 → 녹인 버터 → 밀가루의 순서대로 넣습니다. 주걱을 짧게 쥐고 맷돌을 돌리듯이 한 방향으로 최대한 섞습니다.

6 도우가 단단하고 재료가 잘 섞이지 않는다면, 남겨놓은 액체류를 조금씩 추가해 적절한 되기(사진 7) 상태가 되도록 골고루 섞습니다.

　＊남겨놓은 액체류를 다 넣고도 되다면, 추가로 물을 1~2술씩 더 넣으세요. 상황에 맞게 '되기'[수분량]를 맞추는 게 포인트예요.

7 밀가루 묻은 손으로 만져봤을 때 쫀득하면서 살짝 늘어나는 정도면 완성
   입니다.

8 약간의 식용유로 도우 표면을 코팅합니다.

   *이렇게 해놓으면 나중에 다루기가 쉬워요.

9 도우를 젖은 면보로 덮은 뒤 실온의 테이블 위에서 15분간 발효합니다.

10 15분 뒤 사방으로 접기(폴딩 p.18)를 하고, 젖은 면보를 덮어 다시 30분간
    발효합니다.

    *【정리】①15분 발효 - ①폴딩 - ②30분 발효

토핑 준비하기

*1차 발효 중 마지막 30분 동안
미리 준비해요.

11 <u>아몬드 맛</u> 아몬드는 잘게 잘라 분량의 설탕과 섞은 뒤 넓고 평평한 그릇
    에 담아 준비합니다.

    *통아몬드, 슬라이스드 아몬드 모두 사용해도 되지만, 슬라이스드 아몬드가 작게 다지기에 더 편해요.

    <u>시나몬 맛</u> 분량의 설탕과 시나몬파우더를 봉지에 담은 뒤 잘 섞어서 준비
    합니다.

    *시나몬 토핑은 봉지에 준비하는 게 더 편하지만, 넓고 평평한 그릇에 준비해도 상관없어요.

    <u>오리지널 맛</u> 굵은 소금을 준비합니다.

분할하기

12 30분 뒤 1차 발효가 끝난 도우는 손가락 두 번째 마디까지 깊게 찔러도 되돌아오지 않으며, 가스가 차서 폭신한 느낌이 듭니다.

    ＊ 이때 도우에 탄성이 느껴진다면 폭신한 느낌이 들 때까지 시간을 추가해 더 발효해주세요.

13 덧가루를 뿌린 도마 위에 도우를 올리고, 개당 약 94g씩 6등분합니다(분할하기 p. 19).

14 가스를 빼고, 매끈한 면이 아래를 향하게 놓습니다.

15 세 번 위에서 아래로 말아 내려오듯 접은 뒤 모양을 다듬어 한 뼘 길이 정도의 길고 얇은 막대 모양을 만듭니다.

    ＊ 【긴 막대형으로 만드는 이유】 프레츨은 길고 얇게 도우를 빚어야 해요. 따라서 둥근 모양보다는 긴 막대형으로 해놨을 때 나중에 길게 만들기가 수월해요.

237

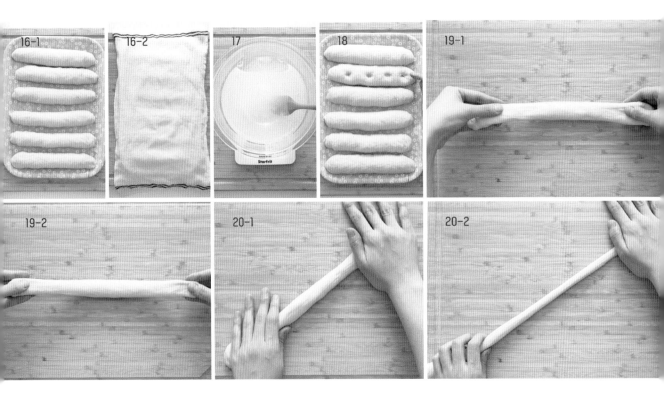

16 쟁반 위에 도우를 올린 뒤 젖은 면보를 덮어 10~15분 정도 휴지시키면서 도우가 느슨해지길 기다립니다.

*작업대(도마)가 좁아 쟁반 위에 옮기는 것이니 작업대가 충분히 넓다면 굳이 옮기지 않아도 돼요.

베이킹소다 배스
준비하기

17 휴지시키는 동안 분량의 뜨거운 물에 베이킹소다를 잘 녹여서 베이킹소다 배스를 만듭니다.

*굽기 직전, 베이킹소다 배스에 담갔다가 구우면 소프트 프레츨 특유의 색감과 맛이 생겨나요.

성형하기

18 10~15분 뒤 만졌을 때 도우가 부드럽고, 손가락이 푹푹 들어가는 느낌이라면 성형하기에 적절한 상태입니다.

*성형을 시작하기 전에 오븐을 230℃로 15분 정도 예열해요.

19 도우를 작업대 위에 살짝 쳐 내려가며 양쪽으로 살살 늘립니다.

20 중앙에서 바깥 방향으로 오른손만 사용해 새끼손가락 정도의 굵기로 얇게 밉니다.

*덧가루가 너무 많으면 도우가 미끄러져 잘 밀리지 않으므로, 적절히 사용하세요.

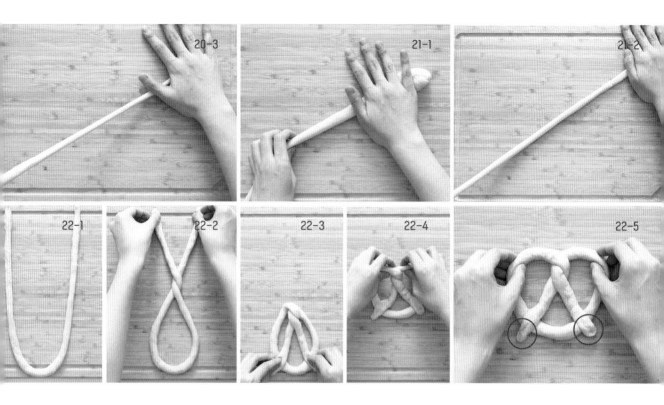

21   한쪽이 얇아졌으면, 좌우 위치를 바꿔 반대쪽도 가운데부터 점차 바깥 방
       향으로 나아가며 얇게 밉니다.

       * 【얇게 밀어야 하는 이유】 새끼손가락 굵기 정도로 밀어놓아도, 도우의 탄성 때문에 꼬아주는 성
       형 과정에서 굵기가 다시 굵어지고, 굽고 나면 부풀기 때문에 한 번 더 굵어져요. 그래서 처음부
       터 얇게 밀어야 해요. 또한 두꺼운 프레즐보다는 얇은 프레즐이 더 맛있기도 해요.

22   도우를 U자 모양으로 놓은 뒤, 중간에서 한 번 꼬아서 아래로 내려 붙여
       줍니다.

       * 이때 도우의 가장자리[사진 22-5]가 확실히 아래로 내려오게 붙여야, 나중에 구웠을 때 모양
       이 예뻐요. 애매한 위치에 붙여놓으면, 구운 뒤에 이 부분이 위로 올라가거든요.

23 아래 이음매 부분을 잡고, 준비한 베이킹소다 배스에 3초 정도 푹 담급니다.

 * 베이킹소다 배스가 뜨거울 수 있으니 장갑을 끼고 작업하세요.

24 도우를 건져 테프론시트(또는 종이호일)를 깐 팬에 올린 뒤 모양을 한 번 정리합니다.

25 세 가지 맛의 토핑을 각각 묻힙니다.

 아몬드 맛 아몬드 토핑을 앞뒤로 골고루 묻힌 뒤 다시 베이킹팬 위에서 모양을 정리합니다(사진 25-2).

 오리지널 맛 표면에 굵은 소금을 뿌립니다(사진 25-3).

 시나몬 맛 지금은 그대로 두고, 굽고 난 뒤에 토핑을 묻힙니다.

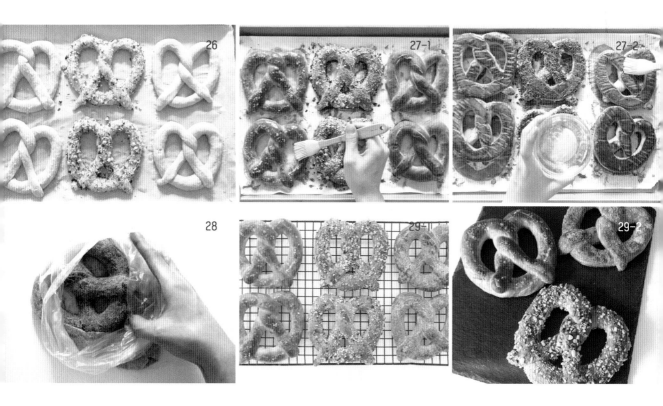

굽기

26 230℃로 예열된 오븐에서 약 8~12분간 굽습니다

  *5분 뒤, 팬의 앞면과 뒷면을 바꿔주면 색이 골고루 나요.

27 오븐에서 꺼내자마자 베이킹팬 위에 놓인 상태로 녹인 버터를 골고루 바릅니다. 이때 뒤집어서 뒷면까지 골고루 바릅니다.

  *종이호일에 달라붙어 잘 떼어지지 않는다면 뒤집개를 이용하세요.

28 아무 토핑도 하지 않았던 프레즐을 시나몬 토핑 봉지 안에 넣고 골고루 묻힙니다.

  *뜨거울 때 묻혀야 잘 묻어요.

29 식힘망 위에 올려서 식힙니다.

  *아직 온기가 있을 때, 그리고 당일에 많이 많이 드세요. 금방 구워냈을 때가 가장 맛있어요. 소프트 프레즐이 대부분 호떡이나 붕어빵처럼 즉석식품으로 판매되는 데는 이유가 있었겠죠?

Ⓠ : 프레츨을 성형할 때 도우를 얇게 밀려 해도 더 이상 얇게 밀어지지가 않아요.

Ⓐ : 도우는 만질수록(마찰될수록) 탄성이 강해지는 성질이 있습니다. 탄성이 강해지면 도우는 자꾸 원래의 상태로 돌아오려고 하기 때문에 원하는 만큼 얇게 밀어지지 않아요. 이럴 땐, 5~10분 정도 도우의 탄성이 약해지길 기다린 뒤 다시 시도해보세요.

Ⓠ : 프레츨은 최종 발효는 안 하나요?

Ⓐ : 네, 프레츨 특유의 살짝 묵직한 느낌이 나려면 최종 발효는 생략하는 게 좋아요. 최종 발효를 하면 너무 폭신하고 부푼 느낌의 프레츨이 됩니다.

Ⓠ : '천천히 버전'의 프레츨은 없나요? '천천히 버전'으로 하면 더 맛있을까요?

Ⓐ : 프레츨은 '천천히 버전'으로 하지 않아도 괜찮습니다. 두 버전의 테스트 결과 프레츨은 토핑과 마지막에 바르는 버터의 맛과 향의 지분이 커서, '빠른 버전'으로 만드나 '천천히 버전'으로 만드나 먹었을 때 풍미나 맛에 큰 차이가 없었어요. 감사히도 '빠른 버전'의 레시피로만으로도 충분히 맛있는 프레츨을 맛볼 수 있답니다.

피자

저는 도우가 피자의 맛을 결정한다고 생각해요. 그래서 수제비 반죽만큼 만들기 쉽지만, 전문점 못지않은 퀄리티를 자랑하는 피자 도우를 만들고 싶었답니다. 마음만 먹으면 바로 준비해서 만들 수 있는 당일 버전 도우와 미리 만들어놓아 도우의 깊은 풍미를 즐길 수 있는 숙성 버전 도우, 두 가지를 소개합니다. 원하는 토핑과 치즈를 듬뿍 얹어 홈메이드 피자를 완성해보세요.

당일 버전 피자
도우를 만들어 피자
로 완성되기까지

약 1시간
30분

숙성 버전 피자
숙성된 도우로 피자가
오븐에서 나오기까지

약 30분

재   료 (지름 약 28cm 원형 피자 또는 30×20cm 사각 피자 1개 분량)

따뜻한 물 125g

인스턴트 드라이이스트 2g(1/2작은술)

설탕 4g(1작은술)

소금 3g(1/2작은술)

올리브오일(또는 식용유) 8g

강력분(또는 중력분) 175g

[바르는 용]

올리브오일(또는 식용유) 5g(1/2큰술)

피자소스 3~4큰술

＊파스타용 토마토소스는 피자소스보단 간이
 약하기 때문에 소금을 살짝 섞는걸 추천해요.

[토핑 재료]

페퍼로니, 햄, 피망, 양파, 버섯, 구운 감
자, 올리브, 익힌 닭가슴살 등

＊원하는 재료를 넣거나 구비하고 있는 재료를
 활용하세요.

모차렐라치즈 약 200g

[코팅용] 식용유 약간

[덧가루용] 강력분(또는 중력분) 약간

오   븐

- 250℃(또는 오븐의 최고 온도)로 예열된 오븐에서 약 12~15분간 노릇노릇해질 때
 까지 굽습니다.

- 철판을 오븐 안에 넣고 예열한 뒤 나중에 그 위에 피자를 옮겨 담아 구우면, 화
 덕에서 굽는 효과가 나서 겉은 바삭하고 안은 촉촉하게 구워집니다. 개인적으
 로 이 방법을 추천하지만 그냥 구워도 상관은 없습니다.

믹싱과 1차 발효하기

1   만졌을 때 따뜻한 물(37~38℃ 전후)을 준비합니다.

2   볼에 물을 붓습니다. 이때 물은 다 넣지 않고 10~15g(㎖) 정도를 한쪽에 남겨놓으세요.

3   인스턴트 드라이이스트를 물 위에 흩뿌린 뒤 살짝 흔듭니다.

4   설탕 → 소금 → 올리브오일 → 밀가루의 순서대로 넣습니다. 주걱을 짧게 쥐고 맷돌을 돌리듯이 한 방향으로 최대한 섞습니다.

5   도우가 단단하고 재료가 잘 섞이지 않는다면, 남겨놓은 물을 조금씩 추가해 적절한 되기(사진 6) 상태가 되도록 골고루 섞습니다.

   *남겨놓은 물을 다 넣고도 되다면, 추가로 물을 1~2술 더 넣으세요. 상황에 맞게 '되기'(수분량)를 맞추는 게 포인트예요.

6   밀가루를 묻힌 손으로 만졌을 때 쫀득하면서 살짝 늘어나는 정도면 완성입니다.

7   약간의 식용유로 도우 표면을 코팅합니다.

*이렇게 해놓으면 나중에 다루기가 쉬워요.

8   젖은 면보로 도우를 덮은 뒤 실온의 테이블 위에서 발효합니다. 이때 다음을 기준으로 발효 시간을 선택합니다.

당일 버전 당일에 먹을 거라면 20분간 발효합니다.

숙성 버전 숙성해서 다음 날 또는 며칠 뒤에 먹을 거라면 10분간 발효합니다.

9   당일 버전 도우는 20분(숙성 버전 도우는 10분) 뒤 사방으로 접기(폴딩 p.18)를 하고, 젖은 면보를 덮어 다시 20분간(숙성 버전 도우는 10분간) 발효합니다.

10 20분(숙성 버전 도우는 10분) 뒤 한 번 더 폴딩하고, 젖은 면보를 덮어 마지막으로 20분(숙성 버전 도우는 10분간) 더 발효합니다.

*【정리】 당일 버전: ① 20분 발효 - ① 폴딩 - ② 20분 발효 - ② 폴딩 - ③ 20분 발효
숙성 버전: ① 10분 발효 - ① 폴딩 - ② 10분 발효 - ② 폴딩 - ③ 10분 발효

※ 여기까지 당일 버전의 도우가 완성되면 바로 다음 피자 만들기로 넘어가고, 숙성 버전의 도우가 완성되면 뒤 p.251에 나오는 '숙성 버전 도우의 보관법과 사용법'을 참고해주세요.

토핑 준비하기

* 1차 발효하는 동안 미리 준비
해요.

오븐 예열과 도우 준비하기

11 햄, 페퍼로니, 피망, 양파, 버섯, 구운 감자, 익힌 닭가슴살 등 취향에 따라 토핑을 미리 준비합니다. 야채(피망, 양파, 버섯 등)는 두꺼우면 물이 많이 나오기 때문에 2~3mm로 얇게 자릅니다. 햄, 닭가슴살, 감자는 취향에 따라 적절한 크기로 자르고, 모든 재료는 물기를 제거해 준비합니다.

12 **당일 버전 기준** 20분 뒤 1차 발효가 끝난 도우는 손가락 두 번째 마디까지 깊게 찔러도 되돌아오지 않으며, 안에 가스가 차서 폭신한 느낌이 듭니다.

   * 이때 도우에 탄성이 느껴진다면 폭신한 느낌이 들 때까지 시간을 추가해 더 발효해주세요.

13 오븐에 철판을 넣고, 온도를 250℃(또는 오븐 최고 온도)로 맞춰 약 15~20분 간 예열합니다.

14 작업대에 덧가루를 뿌리고 도우를 올린 뒤 손으로 펴서 납작하게 만듭니다.

15 밀대로 어느 정도 넓고 둥글게 폅니다.

16　사용할 철판보다 살짝 큰 크기의 종이호일(또는 테프론시트)를 준비해 그
　　위로 도우를 옮깁니다.

17　종이호일 위에서 밀대를 이용해 두께 0.5cm, 지름 30cm 정도의 큰 원으로
　　완전히 폅니다. 도우를 종이호일째 돌려가면서 펴면 잘 펴집니다.

　　*원하는 크기로 잘 펴지지 않고 자꾸 수축한다면, 젖은 면보나 랩을 덮어 5~10분 정도 기다렸
　　다가 다시 시도해보세요. 지금은 도우에 탄성이 생긴 상태라서, 밀대로 밀기 쉬운 부드러운 상
　　태가 되기를 기다리는 거예요.

18　모양이 잡혔으면, 가장자리를 약 1cm 정도로 얇게 접어 테두리를 만듭
　　니다.

　　*두껍게 접으면 나중에 가장자리가 두꺼워지니, 가능한 한 얇게 모양만 잡아주세요.

19　포크로 구멍을 내서 수축을 방지합니다. 이때 접힌 부분도 포크로 찍어주
　　면, 접힌 부분이 풀리지 않습니다.

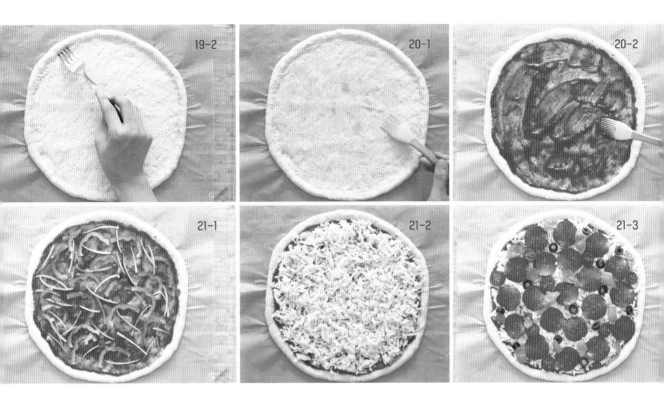

토핑 올리기와 굽기

20 원형의 도우에 올리브오일 1/2큰술을 얇게 바른 뒤, 그 위에 소스를 바릅니다.

＊올리브오일을 바르면, 코팅이 되어 빵이 소스에 덜 축축해져요.

21 야채류 → 모차렐라치즈 → 페퍼로니나 햄 등의 고기류 → 올리브나 방울토마토(선택 사항)의 순으로 재료를 얹습니다.

＊너무 많은 토핑을 올리면(특히 야채) 피자가 질척해질 수 있으니, 적정량의 토핑을 사용하세요. 그러나 치즈는 생각보다 빡빡하게, 너무 많은 거 아닌가 싶을 정도로 듬뿍 뿌려야 맛있어요.

22 오븐 속에서 예열된 철판을 꺼냅니다. 종이호일의 대각선 방향을 잡고 철판 위에 조심스럽게 옮긴 뒤, 예열된 오븐에서 약 12~15분간 굽습니다.

＊철판이 매우 뜨거우니 조심하세요.

23 피자가 다 구워지면 오븐에서 종이호일째 잡아당기듯 꺼내 도마나 접시로 옮깁니다.

＊피자 위에 스리라차마요 소스나 마요네즈 등을 뿌려서 장식해도 좋아요.

✦TIP : 숙성 버전 도우의 보관법과 사용법

① 앞서 **10**번 공정까지의 1차 발효가 끝나면, 도우의 가스를 빼서 타이트하게 둥글립니다.

＊아래 제시된 배합표를 활용해 도우를 2배합, 3배합으로 만들었다면, 덩어리당 약 315g씩 분할해요.

② 도우가 냉장고에서 3배 정도 부푸는 것을 감안해, 넉넉한 크기의 통을 준비하고, 통 바닥과 옆면에 식용유를 바릅니다.

③ 둥글리기 한 도우를 통에 넣은 뒤 뚜껑을 잘 닫아 냉장고에 보관하면, 다음 날부터 5일간 사용 가능합니다.

＊냉장고에 보관한 도우는 부피가 3배 정도 부풀어 있고, 시큼한 냄새가 날 거예요. 냄새에 놀랄 수도 있지만 굽고 나면 풍미 좋은 피자가 된답니다. 이 도우를 가지고, **13**번 공정부터 동일하게 피자를 만들어보세요. 도우의 냉기를 뺄 필요 없이 바로 피자를 만들어도 문제없어요.

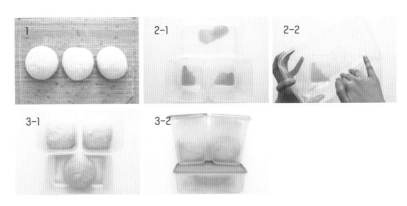

피자 도우 배합표

피자 도우의 양을 많이 만들어야 할 때 사용해보세요.

	2개(2배합)	3개(3배합)
따뜻한 물	250g	375g
인스턴트 드라이이스트	4g(1작은술)	5g(1과 1/2작은술)
설탕	8g	12g
소금	6g(1작은술)	9g(1과 1/2작은술)
올리브오일	16g	24g
강력분(또는 중력분)	350g	525g

피자를 당일에도 먹고, 다음 날에도 먹고 싶다면!

굳이 당일 버전, 숙성 버전 두 가지 도우를 따로 만들지 말고, 한꺼번에 만들어보세요. 위 피자 도우 배합표를 참고해 한꺼번에 2~3개 분량을 만든 뒤, 20분 발효/ 폴딩/ 20분 발효/ 폴딩 /20분 발효의 순서로 당일 버전과 같은 방법으로 발효하면 됩니다. 그리고, 그중 도우 하나는 당일에 먹고, 남은 도우는 냉장고에 숙성해서 다음 날에 먹을 수 있어요.

Q : 지름 28cm의 둥근 모양의 피자를 만들기에는 제 오븐이 좀 작아요. 오븐 크기에 맞게 사각 피자로 만들 수는 없을까요?

A : 당연히 만들 수 있습니다. 도우를 사각 모양으로 만들면 돼요. 저는 가로 30cm, 세로 20cm의 모양으로 만들어봤는데요. 각자의 오븐 팬 크기에 맞게, 사각 피자로도 자유롭게 만들어보세요.

Q : 숙성 도우에서 시큼한 냄새가 나고, 엄청나게 많이 부풀었어요. 이거 사용해도 괜찮나요?

A : 자연스러운 현상입니다. 걱정하지 마시고, 피자를 만들어보세요. 굉장히 풍미가 좋아 빵의 끄트머리까지 맛있는 피자가 됩니다.

Q : 피자를 구웠더니, 피자가 너무 질척여요. 왜 그럴까요?

A : 아마 토핑, 그중에서도 야채를 너무 많이 올렸을 가능성이 있어요. 야채를 너무 많이 얹으면 야채에서 나온 수분으로 피자가 질척이니, 양을 조금 줄여서 올려보세요.

Q : 강력분으로 만든 피자와 중력분으로 만든 피자의 차이는 무엇인가요?

A : 강력분으로 만든 피자는 좀 더 도우가 쫄깃하고, 중력분으로 만든 피자는 좀 더 부드러워요. 중력분으로 만들어도 상관없지만, 저는 개인적으로 강력분으로 만든 피자의 식감이 더 마음에 든답니다.

Q : 숙성 도우만의 장점이 있나요?

A : 도우의 숙성 기간이 3~4일 정도가 되면, 도우에서 바게트 맛이 납니다. 도우 자체의 풍미가 좋아지는 것이죠. 당일 버전 피자도 맛있지만, 기회가 된다면 숙성 도우로 만든 피자도 즐겨보세요.